高新技术科普丛书

节能减排的新动力电池

JIENENGJIANPAI DE
XINDONGLI DIANCHI

莫尊理◎丛书总主编

杜新贞　刘鹏伟　谢婷婷◎编著

读者出版集团
DUZHE CHUBAN JITUAN

甘肃科学技术出版社

图书在版编目（CIP）数据

节能减排的新动力电池／杜新贞，刘鹏伟，谢婷婷
编著 . — 兰州：甘肃科学技术出版社，2012.1（2017.4 重印）
（高新技术科普丛书／莫尊理总主编）
ISBN 978 - 7 - 5424 - 1621 - 6

Ⅰ.①节…　Ⅱ.①杜…②刘…③谢…　Ⅲ.①电池—
普及读物　Ⅳ.①TM911 - 49

中国版本图书馆 CIP 数据核字（2011）第 281093 号

责任编辑	毕　伟	
装帧设计	林静文化	
出　　版	甘肃科学技术出版社（兰州市读者大道 568 号　0931 - 8773237）	
发　　行	甘肃科学技术出版社（联系电话：010 - 61536005　010 - 61536213）	
印　　刷	三河市同力彩印有限公司	
开　　本	710mm × 1020mm　1/16	
印　　张	12	
字　　数	150 千	
版　　次	2012 年 4 月第 1 版　2017 年 4 月第 4 次印刷	
印　　数	14 001 ~ 17 000	
书　　号	ISBN 978 - 7 - 5424 - 1621 - 6	
定　　价	23.80 元	

序

众所周知，火的使用和工具的发明开启了人类使用能源和材料的历史进程，促进了人类的进化，推动了人类文明进步。时至今日，能源和材料已成为人类生存和发展的物质基础，决定着人类文明的发展方向。它们的发展给全球经济、政治以及精神文化带来了前所未有的变革，也使全球的生态环境伤痕累累。开发绿色能源，发明新型材料，建设资源节约型、环境友好型社会已迫在眉睫。

2012 年，中国将启动《国家能源发展战略》编制工作，提出我国能源发展的总体方略和战略规划。但是，目前市场上还没有一套详细介绍新能源、新材料方面内容的高新技术科普丛书。为了引导读者，特别是广大青少年更好地认识和了解新能源和新材料，明确我国的能源现状和材料科学的创新成果，增强开发高新技术的意识，激发他们为高新技术事业奉献的信心和决心，培养他们的民族自信心和创新精神。向青少年普及新能源和新材料的相关知识和发展动态，必将吸引和鼓励更多青少年热爱科学，献身科学，积极投身能源和材料事业，发明更多低碳、绿色的新型材料，使我国能源结构合理，为创造我们可持续发展的绿色家园做出更大的贡献。

"高新技术科普丛书"，由国内知名材料学专家、西北师范大学博士生导师莫尊理教授担任丛书总主编，西北师范大学等高校的教授、博士生导师担任编委，丛书各册的作者均为相关领域的专家、学者。他们热爱科学、朝气蓬勃、学风严谨、勤奋探索，以真挚的情感和对人类社会持续发展的使命感，用朴实而又不失优美的文笔严肃认真地编撰了本套丛书。

本套丛书作为新材料、新能源的科普读物，宗旨鲜明，风格独特，系统性强，认真探讨了人类与能源材料和谐的发展历程和方向。与一般科普读物相比，具有如下鲜明的特点：一是内容丰富时代感强，本丛书共 18 个分册，紧扣当前能源、材料发展的困境，以新能源、新材料方面最新的研究成果及翔实的资料为基础，用通俗易懂的文字分别叙述了与人类生存、发展最密切的各种新能源和新材料，构成了一个完整的知识体系。另外，本套丛书多视角，多层次、全方位介绍了材料和能源领域的基础知识和发展动态，深入浅出地展示了材料和能源的发展脚步。《神通广大的第三金属》《新材料的宠儿：稀土》向你展示第三金属和稀土的魅力；《高新科技的特种钢》《取之不尽的太阳能》《持续不断的风电新能源》《可再生能源：生物质能》《又爱又恨是核能》《待开发的地热能》《清洁能源：氢能》《未来无害新能源可燃冰》《无限丰富的海洋能》让你尽情领略能源的丰饶和开发前景；《异彩纷呈的功能膜》《节能减排的新动力电池》《无处不在的碳纤维》《遨游太空的航天材料》《改变世界的信息材料》《比人聪明的智能材料》《神奇的人体修复材料》向你呈现新型材料的发展动态以及带给我们生活的变化。二是时尚流行的编创，本丛书语言流畅、深入浅出，配有大量精美的图片，图文并茂、通俗易懂，加上扩充知识面的小百科，使读者朋友全面了解新材料、新能源并享受着它们带来的无限魅力。

20 世纪 80 年代以来，人们逐步认识到必须永续利用地球资源，改善地球的生态环境才能实现人类的可持续发展。我们应统一规划、合理开发能源，积极开发新能源、新材料，促进人类与自然界的和谐共处与协调发展。希望这套凝聚着策划者、组织者、编撰者、设计者、编辑者等工作者辛勤汗水和心血的"高新科技科普丛书"能给那些热爱科学，倡导低碳、绿色、可持续发展的人们以惊喜和收获，并对我国的能源和材料事业做出贡献。衷心祝愿应时代所需而出版的高新科技科普丛书能得到读者的青睐。

薛群基

中国工程院院士

2012 年 3 月

目　　录

第一章　建造的电池

第二章　拿什么拯救你，我的地球

第三章　电能—推动世界的大力神

第四章　"性格各异"的动力蓄电池

第五章　燃料电池：人类的第四次科技革命

第六章　无处不在的发电厂

第七章　动力电池：奏响新能源汽车序曲

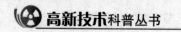

第八章　新动力电池的机遇与挑战

第一章　建造的电池

　　"绿色环保"已经成为了现在最流行的词汇。绿色环保的核心是"新能源"，而新能源的核心则是电池。电池自发明至今已有200多年的历史，应用更是日益广泛。我国是世界上头号干电池生产和消费大国，目前有1400多家电池生产企业，1980年干电池的生产量已超过美国而跃居世界第一。1998年我国干电池的生产量达到140亿只，而同年世界干电池的总产量约为300亿只。如此庞大的电池数量，使得一个极大的问题暴露出来，那就是如何使这些电池在废弃后不去破坏污染我们生存的环境。在这种情况下，一种取代传统电池的新动力电池浮出了水面。下面让我们一起走进电池的200年的发展史，它的背后到底有哪些神奇传说呢？

第一节　诞生——来自"莱顿瓶"的灵感

　　为什么说电池的诞生来自于"莱顿瓶"的灵感？"莱顿瓶"又有着怎样的神奇传说？

其实在很久以前，人类就有可能在不断地研究和测试"电"这种东西了。很多时候，一个偶然的现象会让人产生灵感，例如牛顿就是由苹果落地而发现了万有引力定律。早在1932年，有人在伊拉克巴格达附近一个古墓中发现了一个黏土瓶，黏土瓶也称之为陶罐，这个黏土瓶有一根插在铜制圆筒里的铁条，有人猜测它可能是用来储存静电用的。考古学家们赶来后，发现这座陵墓事实上是安息时期（约公元前250至公元250年）一个定居点墓葬区的一部分，遗憾的是这个瓶子的秘密可能永远无法被揭晓。面对这个问题，科学家认为不管制造这个黏土瓶的祖先是否知道有关静电的事情，但可以确定的是古希腊人已经对此有所了解。因为他们知道，如果摩擦一块琥珀，就能吸引轻的物体。

到了18世纪的40~50年代，发电装置的改善和大气电现象的研究引起了各国科学家的广泛兴趣。据说，在1745年，普鲁士的克莱斯特曾经将导线摩擦引起的电荷引向装有铁钉的玻璃瓶，当他用手触碰铁钉时，受到猛烈地一击。可能是受到了这个实验的启发，1746年，莱顿大学的马森布罗克发明了收集电荷的"莱顿瓶"。莱顿瓶是一个玻璃瓶，瓶里瓶外分别贴有锡箔，瓶里的锡箔通过金属链跟金属棒连接，棒的上端是一个金属球。由于它是在莱顿城发明的，所以叫做莱顿瓶，这就是最初的电容器。

故事是这样的。在荷兰王国的阿姆斯特丹与海牙之间，有一座美丽而静谧的小城，叫莱顿城。城里有一所古老又著名的高等学府，就是创建于中世纪的莱顿大学。大学里有一位从事刚兴起的电现象研究的物理学家，名叫马森布罗克，他对当时发明的几种摩擦起电机很感兴趣，想通过实验找到一种能把静电"储存"起来的容器。

1745年的一天，当他来到实验室的时候，他的助手和往常一样，已把实验装置准备好了。桌上摆着一台摩擦起电机，上方用丝线水平悬吊着一根铁管，铁管的一端正好碰在起电机的玻璃球上，另一端悬空绕着一根铜丝。为了验证起电机产生的电荷能从铁管的玻璃球端传到铜丝端，待助手用手摇转电机后，他用手指接近铜丝，可以看到手指与铜丝之间的电火花。

这时他忽然产生一个灵感，让助手找来一个盛水的玻璃瓶，用丝线吊在绕有铜丝的铁管的一端，使铜丝正好插在玻璃瓶的水中。他想，铁管上传过来的电荷也许可以储存在水中。他将一支枪管悬挂在空中，使起电机与枪管相连，两用一根铜线从枪管中引出，浸入一个盛有水的玻璃瓶中。他让一名助手用手握着玻璃瓶，马森布罗克在一旁使劲摇动起电机。这名助手不小心将一只手碰在枪管上，他猛然感到一次强烈的电击，痛苦地叫了起来。马森布罗克于是与助手互换了一下，让助手摇起电机，他自己一手拿水瓶子，另一只手去碰枪管。起电机转动起来，马森布罗克觉得手臂一阵麻痛，比平时手指受到的针刺般灼痛要厉害不知多少倍。

在一封信里，他描述了这次实验："我想告诉你一个新奇但是可怕的实验事实，但我警告你无论如何也不要再重复这个实验。……把容器放在右手上，我试图用另一只手从充电的铁柱上引出火花。突然，我的手受到了一下力量很大的打击，使我的全身都震动了，……手臂和身体产生了一种无法形容的恐怖感觉。一句话，我以为我命休矣。"虽然马森布罗克不愿再做这个实验，但他由此得出结论：把带电体放在玻璃瓶内可以把电保存下来。尽管马森布罗克一时还未弄清楚这个现象的来龙去脉，但强烈的放电立即引起周围人的好奇。消息不胫而走，闻讯赶来看热闹的人络绎不绝，很快被法国的诺莱特神父知道了。他对用水"储存"电很感兴趣，反复做着实验，终于弄明白是干燥的玻璃瓶把静电"储存"起来。因为这个最早蓄电的瓶子是马森市罗克在莱顿城发明的，后来大家就把它叫做"莱顿瓶"，这个实验称为"莱顿瓶实验"。"电震"现象的发现轰动一时，极大地激发了人们对莱顿瓶的好奇。马森布罗克的警告起了相反的作用，人们扩大了范围重复进行着这项实验。有时这项实验简直成了一种娱乐游戏，有人用莱顿瓶做火花放电杀老鼠的表演，有人用它来点酒精和火药，其中规模最壮观的一次示范表演是神父诺莱特在巴黎圣母院前做的。

一、伽伐尼的困惑

提起电池的发明还有一段有趣的故事，这要从电流的发现者伽伐尼说起。我们都知道伽伐尼曾经做过一个关于青蛙解剖的实验，引起了很大的轰动，同时也揭开了电池研究的序幕，被传为佳话。故事是这样的：

伽伐尼是意大利的一名解剖学家和生物学家，他的妻子因健康原因要经常吃青蛙腿。1786 年的一天，伽伐尼把青蛙剥皮后，放在靠近起电机旁的桌子上。当他妻子偶然拿起电机旁的外科手术刀时，刀尖触及到了蛙腿外露的小腿神经，蛙腿抽动起来，好像活的一样。她把这件事告诉了伽伐尼。伽伐尼重复了这个试验，他把蛙腿放在玻璃板上，用两把叉子，一个叉尖是铜的，另一个叉尖是铁的，去碰蛙腿的神经和肌肉，每碰一下，蛙腿就收缩一次。

为了探究这个现象的原因，伽伐尼选择了各种不同的条件，重复这个实验。开始，伽伐尼用铜丝把青蛙与铁窗相连，在雨天和晴天做实验，青蛙的腿都痉挛。接着，他只用铜丝去接触蛙腿，蛙腿却不发生痉挛。后来，他找了一间封闭的房间将青蛙放在铁板上，用铜丝去触它，结果和以前一样，又发生了收缩，这就排除了外来电的可能性。后来，伽伐尼选择不同的日子，不同的时间，用各种不同的金属多次重复这个实验。但是，结果总是相同的，不同的是，使用某些金属时，收缩更强烈而已。

后来他又用各种不同的物体来做这个实验，但用诸如玻璃、橡胶、松香、石头和干木头代替金属，都没有出现收缩的现象。而这些实验结果被伽伐尼总结为：青蛙的神经中有电源，很可能是从神经到肌肉的特殊电流引起的"动物电"。于是，1791年，伽伐尼将此实验结果写成论文公布于学术界。伽伐尼的看法在当时的科学界中引起了巨大的反响，使许多科学家感到惊奇并对此产生了极大的兴趣。他们竞相重复柳伐尼的实验，企图找到一种产生电流的方法。许多著名的学者都同意"动物电"的论点，然而善于思索的伏特并没有盲从。

二、堆起的"伏特电堆"

蓄电池又叫做"伏特电堆",是一个叫亚历山德历·伏特的意大利人发明的。为了纪念他的贡献,人们把电压的计量单位叫做伏特。

伏特是意大利帕维亚大学的研究电学的物理学家。有一天,伏特看了解剖学家伽伐尼的论文,论文中说动物肌肉里贮存着电,可以通过金属接触肌肉把电引出来。这篇文章引起了伏特的好奇心,他决定亲自来做这个实验。他用许多只活青蛙反复实验,终于发现,实际情况并不像伽伐尼所说的那样,而是两种不同的金属接触产生的电流,才使蛙腿受到电击而收缩。

为了证明自己的发现,伏特决定了解电的来源。他认为电存在于金属之中,而不是存在于肌肉中,伽伐尼和伏特两种明显不同的意见引起了科学界的争论,并使科学界分成两大派。

伏特曾多次重复了伽伐尼的实验。作为物理学家,他的注意点主要集中在那两种金属上,而不在青蛙的神经上。对于伽伐尼发现的蛙腿抽搐的现象,他推测这可能与电有关,但是青蛙的肌肉和神经中是不存在电的,他推想电流可能是由两种不同的金属相互接触产生的,与金属是否接触活的或死的动物无关。实验证明,只要在两种金属片中间隔一用盐水或碱水浸过的(甚至只要是湿的)硬纸、麻布、皮革或其他海绵状的东西(他认为这些是实验成功所必需的),并用金属线把两个金属片连接起来,不管有没有青蛙的肌肉,都会有电流通过。这就说明电并不是蛙的组织中产生的，蛙腿的作用只不过相当于一个非常灵敏的验电器而已。

1799年，伏特把一块锌板和一块银板浸在盐水里，发现连接两块金属的导线中有电流通过。于是，他就在许多锌片与银片之间垫上浸透盐水的绒布或纸片，平叠起来，当用手触摸两端时，会感到强烈的电流刺激。伏特在多次实验后认为：伽伐尼的"生物电"之说并不正确，青蛙的肌肉之所以能产生电流，可能是肌肉中某种液体在起作用。为了论证自己的观点，伏特把两种不同的金属片浸在多种溶液中进行试验。结果发现，只要有一种金属片与溶液发生化学反应，两种金属片之间就能够产生电流。伏特用这种方法成功的制成了世界上第一个电池——"伏特电堆"。这个"伏特电堆"实际上就是串联的电池组。它成为早期电学实验、电报机的电力来源。该电堆能产生连续的电流，其强度大于静电起电机所产生的电流，因此开始了一场真正的科学革命。

阿拉果在1831年撰写的一篇文章中谈到了对"伏特电堆"的赞同："……这种由不同金属中间用一些液体隔开而构成的电堆，就它所产的奇异效果而言，乃是人类发明的最神奇的仪器。"这项发明在此后相当长的时间内成为人们获得稳定的持续电流的唯一手段。由此开拓了电学研究的新领域，从静电现象转向到动电现象的研究，引发了电化学、电磁联系等一系列重大发现。正是依靠足够强的持续电流，1820年丹麦物理学家奥斯特发现了电流的磁效应，这又引发了1831年英国物理学家法拉第发现了电磁感应现象等，使电磁学发展走上了突飞猛进的道路。

为了证明自己的发现是正确的，伏特决定更深入地研究电的来源。有一天，他拿出一块锡片和一枚银币，将其放在自己的舌头上，然后让助手用金属导线将其连接起来，霎时，他感到满嘴的酸味儿。接着，他交换了银币和锡片的位置，当助手用金属导线将其接通的一瞬间，他感到满嘴的咸味。由此伏特推想：电流并不是青蛙的神经产生的，产生电流的本质在于不同金属的接触，而青蛙只是电流的传导者和检验者。

为了证实他的想法，他制作了一个验电器，用来检验微小的电压。当他把一个锌圆片和一个铜圆片直接接触到一起以后，发现锌带正电，铜带负电。他换用其他金属继续做这项实验，发现许多金属都有这种性质。伏特把这种现象叫接触电位差。

但是，两种金属片的直接接触，不会产生恒定的电流。伏特又想起了伽伐尼的蛙腿实验。蛙腿中含有水，水中溶解有各种物质，会不会是这些溶解物质在起作用？于是，伏特把一张硬纸放在盐水中浸湿，然后夹在铜片和锌片之间，果真得到了比较稳定的电流。伏特高兴极了，他把许多铜片和锌片交错叠起来，中间都夹上浸有盐水的纸片。在这高高的一堆金属片上下，各引出一根导线，两根导线相互靠近时，便溅出火花并产生爆炸的声响，其电流甚至能把人的手臂击麻。伏特发明的电池，使人类第一次得到了稳定的电流，结束了靠摩擦起电研究电学的历史。科学家们用伏特的电池进行各种科学实验。但是，当人们把伏特发明的电池称为伏特电池时，他却谦虚地说："应该叫伽伐尼电池。"所以，物理学上的伏特电池和伽伐尼电池指的是同一个东西。

1800年3月20日，伏特在给敦皇家学会会长约瑟爵士的一封信中，宣布了一个重要的发现。他说："用30块、40块、60块或更多的铜片，最好是用银片，每一片都与一块锡片（最好是锌片）接触，并且用相同数目的水层或比纯水更好些的导电液体层，或是盐水、碱水等，或是浸透这些液体的纸壳、皮革……

在桌子或台子上，水平放一块金属片，例如银片，在第一片上放上第二片，即锌片；在第二片上放上了一张浸液片；然后放上另一块银片，紧接着是另一块锌片，上面放上一张浸液片。如此，以同样的方式，在同一方向上，把银片和锌片合起来，保证银在下面而锌在上面，或者相反，这要看起初是怎样放的，在两对合起来的片子之间，都夹上一层浸液片。如此继续下去，便形成了一个高到不致自己垮下来的圆柱。"

伏特完成"伏特电堆"实验后，实际上就退出了科学界的舞台。至于如何将他的发明从理论应用到现实，这项任务就完全落在其他人身上。他可能是年纪太大了，无法再与年青的新生力量竞争，也可能在心理上受到了以前的巨大成就的阻碍。他没有脱离过学校，他的工作可能太个人化了，他的著作与教学中缺乏正规的数学理论，限制了他表达自己思想的能力。伏特最后的八年是在他的坎纳戈别墅和科莫附近度过的，他完全过着一种隐居的生活。

下面是一个关于电池的有趣故事：

多年前，曾有这样一篇报道：瑞典一位失明了23年的妇女，拔去了几颗蛀牙以后，重见光明了。大家都觉得很不可思议，医生分析了她重见光明的原因：失明前她补过牙齿，补牙的东西里含有金和银，这两种金属和唾液作用形成了一个小"电池"。"电池"发出的微弱的电流刺激了她的神经。由于她对这种刺激特别敏感，便失明了。如今"病根"一除，便复明如初了。

大家可以按照下面的方法，自己制造一个电池。在西红柿、橘子或苹果等任一种水果的上面插入一片铜片和一片锌片，用舌头同时舔一舔铜片和锌片，这时舌头会有一点发麻的感觉，这表示有电流产生，一个水果电池就制作出来了。不过产生电流很弱，若想使一个小灯泡发光，那么就多做几个水果电池，把它们连接起来即可。

三、丹尼尔喜欢"改良"

伏特发明的"伏特电堆"作为最早的具有稳定持续电流的电池，一度引起了科学界的广泛关注，然而"伏特电堆"依然存在许多不足之处。许多物理学家开始对它进行改良研究，希望进一步提高它的性能。1836 年，英国的丹尼尔对"伏特电堆"进行了改良。他使用稀硫酸作电解液，解决了电池极化问题，制造出第一个不极化，能保持平衡电流的锌—铜电池，又称"丹尼尔电池"。此后，又陆续有去极化效果更好的"本生电池"和"格罗夫电池"等问世。但是，这些电池都存在电压随使用时间延长而下降的问题。

四、笨重的普朗泰"蓄电池"

继丹尼尔改良的"伏特电堆"之后，性能更加优良的蓄电池出现了。蓄电池是电池中的一种，它的作用是能把有限的电能储存起来，在合适的地方使用。它的工作原理就是把化学能转化为电能。

1860年，法国的普朗泰发明出用铅做电极的电池。这种电池的独特之处在于当电池使用一段时间后使电压下降时，可以通过给它通反向电流使电池电压回升。由于这种电池可以充电，能反复使用，因此称之为"蓄电池"。随着科技进步，科学家们不断改进技术，使蓄电池的性能有了很大的提高，目前最常见的就是铅酸蓄电池，主要有以下几种，其用途分布如下：

启动型蓄电池：主要用于汽车、摩托车、拖拉机、柴油机等启动和照明；

固定型蓄电池：主要用于通讯、发电厂、计算机系统作为保护、自动控制的备用电源；

牵引型蓄电池：主要用于各种蓄电池车、叉车、铲车等动力电源；

铁路用蓄电池：主要用于铁路内燃机车、电力机车、客车启动、照明之动力；

储能用蓄电池：主要用于风力、太阳能等发电用电能储存。

第二节　演讲——从"便携"到重复使用

一、干电池的鼻祖

干电池应该是我们日常接触最多的一类电池了，属于化学电源中的原电池，是一次性电池。因为干电池中的电解液是一

法国 Leclanche—干电池之父

种不能流动的糊状物，所以称之为干电池，这是相对于具有可流动电解液的电池说的。干电池不仅适用于手电筒、半导体收音机、收录机、照相机、电子钟和玩具等，而且也适用于国防、科研、电信、航海、航空和医学等领域，应用非常广泛。

关于干电池的研究早在 19 世纪中期就已开始。1860 年，法国的雷克兰士（George Leclanche）发明了碳锌电池，这种电池更容易制造，且最初潮湿水性的电解液逐渐用黏浊状类似糨糊的方式取代，于是装在容器内时，"干"性的电池出现了，即干电池的鼻祖。

1887 年，英国人赫勒森（Wilhelm Hellesen）发明了最早的干电池。相对于液体电池而言，干电池的电解液为糊状，不会溢漏，便于携带，因此获得了广泛应用。

二、庞大的干电池家族

随着科学技术的进步，干电池已经发展成为一个庞大的家族，到目前为止已经约有 100 多种。常见的有普通锌－锰干电池、碱性锌－锰干电池、镁－锰干电池、锌－空气电池、锌－氧化汞电池、锌－氧化银电池和锂－锰电池等。不过，最早发明的碳－锌电池依然是现代干电池中产量最大的电池。

对于使用最多的锌－锰干电池来说，由于其结构不同又可分为糊式锌－锰干电池、纸板式锌－锰干电池、薄膜式锌－锰干电池、氯化锌－锰干电池、碱性锌－锰干电池、四极并联锌－锰干电池和迭层式锌－锰干电池等。

三、爱迪生的杰作

在干电池技术的不断发展过程中，新的问题又出现了。人们发现，干电池尽管使用方便，价格低廉，但电池电容量低，不适合需要大电流和较长期连续工作的场合，用完即废，无法重新利用，原材料耗费很大。

因此，国外已逐步减少该种电池的生产，如有名的超霸电池生产公司—GPI集团就已经停止了普通锌－锰电池的生产，而全力制造碱性电池和充电电池。虽然普通锌－锰电池价格低廉，但从使用的经济性来说不如充电电池，从使用的方便性和价格来说又比不过碱性电池，同时低档的普通锌－锰电池还会漏液损坏电器，因此，国际上认为普通锌－锰电池是过时的产品，有些厂已经停止了这种电池的生产，无论是进口还是国产产品都没有太大的使用价值，特别是进口普通锌－锰电池更不划算，是所有电池中性价比最低的。一个号称"高容量"的五号电池销售价一般是 1.5~2.5 元，还不如购买容量比它大 5~7 倍的国产碱性电池。

于是，能够经过多次充电放电循环，反复使用的蓄电池成为新的研究方向。事实上，蓄电池的最早发明同样可以追溯到 1860 年。当年，法国人普朗泰（Gaston Plante）发明出用铅做电极的电池。这种电池的独特之处是当电池使用一段时间电压下降时，可以给它通以反向电流，使电池电压回升。因为这种电池能充电，并可反复使用，所以称之为"蓄电池"。

由于普朗泰发明的"蓄电池"比较笨重，存在使用不方便等缺陷，伟大的发明家爱迪生决定进一步研究蓄电池。爱迪生曾一度被称为科学界的"妖魔人物"，可是这个"妖魔人物"的真正魔力究竟出自哪里呢？他自己这样说："一分灵感，九十九分血汗。"顽强的毅力、惊人的勤奋，正是他真正的"魔力"所在。关于爱迪生研究蓄电池一直流传着这样一个故事：

有一天，爱迪生在家里吃饭时，突然举着刀叉的手停在空中，面部表情呆板。他的夫人已经习惯了他的这种举动，知道他正在思考蓄电池的问题，便关切地问："蓄电池'短命'的原因在哪里？"

"毛病出在内脏。要治好它的根，看来要给它开刀，换器官。"

"不是大家都认为，只能用铅和硫酸吗？"夫人脱口而出。她想了想，对她的丈夫——爱迪生说这种话毫无意义，他不是在许多"不可能"之中创造了奇迹吗？于是，夫人连忙纠正道："世上没有不可能的事，对吗？"

爱迪生被夫人的这番话逗乐了。"是啊，世界上没有什么不可能的事，我一定要攻下这个难关。"爱迪生暗暗地下定决心。

在做了大量的比较试验之后，经过分析，爱迪生确认病根出在硫酸上。因此，治好病根的方案与原来的设想一样：用一种碱性溶液代替硫酸，一种金属代替铅。当然这种金属应该会与选用的碱性溶液发生化学反应，并能产生电流。

问题看起来似乎很简单，只要选定一种碱性溶液，一种合适的金属就行了。然而，做起来却是非常非常的困难。

爱迪生和他的助手们夜以继日地做实验，选用几千种材料，做了4万多次实验，经过一春又一春，苦战了3年，可依然没有什么收获。这时，一些冷言冷语也向他袭来，但是这并不能使爱迪生动摇，反而让他更加坚定并对自己的研究充满信心。

有一次，一位不怀好意的记者向他问道：

"请问尊敬的发明家，您花了3年时间，做了4万多次实验，有些什么收获？"

爱迪生笑了笑说："收获嘛，比较大，我们已经知道有好几千种材料不能用来做蓄电池。"

爱迪生的回答，博得在场的人一片喝彩声。那位记者也被爱迪生的坚忍不拔的精神所感动，红着脸为他鼓掌。

正是凭着这种精神，爱迪生将他的试验继续下去。

1904年，在一个阳光灿烂的日子，爱迪生终于用氢氧化钠(俗称烧碱)溶液代替硫酸，用镍、铁代替铅，制成世界上第一台镍铁碱电池。它的供电时间相当长，在当时可以算是"老寿星"了。

正当助手们欢呼试验成功的时候，爱迪生十分冷静。他觉得，试验还没有结束，还需要对新型蓄电池的性能做进一步的验证。因此，他没有急着报道这一重大新闻。

为了检验新蓄电池的耐久性和机械强度，爱迪生用新电池装配6部电动车，并叫司机每天将车开到凸凹不平的路面上跑100英里（约160千米）；他将蓄电池从四楼高处往下摔来做机械强度实验。

经过严格的考验，不断地改进，1909 年，爱迪生向世人宣布：他已成功地研制出性能良好的镍铁碱电池。

他自己说："我是永不会满足的。"无休止的钻研，不停顿的改进，这正是爱迪生又一个突出特点。他成功发明蓄电池之后，便创办了一个蓄电池工厂并大批生产，销路一直很好。可是过了一段时期，他发现电池有问题，一时又找不到原因，他就下决心要改进电池。但是，改进需要时间和精力，同时工厂也要停业，这不仅可能会降低他发明电池的威信，经济上也将蒙受很大损失。然而，他决然命令工厂即刻闭门停业。有许多对该电池比较满意的使用者要求继续增加订货，他却一概不受；有人在经济上给他施加压力，他也毫不畏惧。后来，经他用心改进的电池比预期更好，很快畅销各地。他的这种精神，同当时"金玉其外，败絮其中"掩饰劣货的商家，形成鲜明的对照，博得人们的尊敬与赞扬。

如今，充电电池的种类越来越丰富，形式也越来越多样，从最早的铅蓄电池、铅晶蓄电池到铁镍蓄电池以及银锌蓄电池，发展到铅酸蓄电池、太阳能电池以及锂电池等。与此同时，蓄电池的应用领域越来越广，电容越来越大，性能越来越稳定，充电越来越便捷。

第三节　现状——新势力风起云涌

随着时代的不断发展，传统电池废弃后引发的环境污染问题已引起世界各国的广泛关注。据报道，废旧电池内含有大量的重金属以及废酸、废碱等电解质溶液。如果随意丢弃，腐败的电池会破坏水源，侵蚀我们赖以生存的庄稼和土地，使得我们的生存环境面临着巨大的威胁。如果一节一号电池在地里腐烂，它排放的有毒物质能使 $1m^2$ 的土地失去使用价值；将一粒纽扣电池扔进水里，其中所含的有毒物质会造成 $6 \times 10^5 L$ 水体的污染，相当于一个人一生的用水量；废旧电池中含有重金属镉、铅、汞、镍、锌和锰等，其中，镉、铅和汞是对人体危害较大的物质。而镍、锌等金属虽然在一定浓度范围内是有益物质，但在环境中超过极限，也将对人体造成危害。废旧电池中的重金属会影响种子的萌发与生长。废旧电池渗出的重金属会造成江、河、湖及海等水体的污染，危及水生物的生存和水资源的利用，间接威胁人类的健康。废酸、废碱等电解质溶液可能会污染土地，使土地酸化和盐碱化，这就如同埋在我们身边的一颗定时炸弹。因此，对废旧电池的收集与处置非常重要，如果处置不当，可能对生态环境和人类健康造成严重危害。随意丢弃废旧电池不仅污染环境，也是一种资源浪费。

目前我国的大部分废旧电池都是与生活垃圾混合在一起被埋入地下，久而久之，经过转化使电池腐烂，重金属溶出，既污染地下水体，又污染土壤，最终通过各种途径进入人的食物链。生物从环境中摄取的重金属经过食物链的生物放大作用，逐级在较高级的生物中成千上万倍地富集，然后经过食物链进入人体，在某些器官中积蓄造成慢性中毒，日本的水俣病就是汞中毒的典型案例。

案例 1

1956 年，水俣湾附近发现了一种奇怪的病。这种病症最初出现在猫身上，被称为"猫舞蹈症"。病猫步态不稳，抽搐、麻痹，跳海死去，被称为"自杀猫"。随后不久，此地也发现了患这种病症的人。由于患者的脑中枢神经和末梢神经被侵害，轻者口齿不清、步履蹒跚、面部痴呆、手足麻痹、感觉障碍、视觉丧失、震颤及手足变形，重者精神失常，或酣睡，或兴奋，身体弯弓高叫，直至死亡。当时这种病由于病因不明而被叫做"怪病"。这个镇有 4 万居民，几年时间先后有 1 万人不同程度的患有此种病状，之后附近其他地方也发现此类症状。经数年调查研究，于1956 年 8 月由日本熊本国立大学医学院研究报告证实，这是由于居民长期食用了八代海水俣湾中含有汞的海产品所致。

这种"怪病"就是日后轰动世界的"水俣病"，是最早出现的由工业废水排放污染造成的公害病。"水俣病"的罪魁祸首是当时处于世界化工业尖端技术的氮（N）生产企业。氮用于肥皂、化学调味料等日用品以及醋酸（CH_3COOH）、硫酸（H_2SO_4）等工业用品的制造上。日本的氮产业始创于 1906 年，其后由于化学肥料的大量使用而使化肥制造业飞速发展，甚至有人说"氮的历史就是日本化学工业的历史"，日本的经济成长是"在以氮为首的化学工业的支撑下完成的"。然而，这个"先驱产业"肆意的发展，却给当地居民及其生存环境带来了无尽的灾难。

1923 年，新日本窒素肥料（由人粪与猪粪于酒窖发酵而产成）于水俣工场生产氯乙烯与醋酸乙烯，其制作过程中需要使用含汞的催化剂。由于该工厂任意排放污水，这些剧毒的汞流入河流，进入食用水塘，转成甲基汞氯（化学式 CH_3HgCl）等有机汞化合物。

当人类食用该水源或原居于受污染水源的生物时，甲基汞等有机汞化合物通过鱼虾进入人体，被肠胃吸收，侵害脑部和身体其他部分，造成生物累积（或说是"生物浓缩"Bioaccumulation），造成"水俣病"。该事件被认为是一起重大的工业灾难。

我国作为电池生产和消费的大国，废电池污染是亟需解决的一个重大环境问题。而解决这个问题的关键就在于新能源电池。

新能源又称非常规能源，主要是指刚开始开发利用或正在积极研究、有待推广的能源，例如太阳能、地热能、风能、海洋能、生物质能和核能等。相对于传统能源，新能源普遍具有污染少、储量大的特点，对于解决当今世界严重的环境污染问题和资源（特别是化石能源）枯竭问题具有重要意义。同时，由于很多新能源分布均匀，对于解决由能源引发的战争也有着重要意义。根据科学界断言，石油、煤矿等传统资源将加速减少。核能、太阳能即将成为主要能源。近年来，世界各国加速了对新能源的应用研究，在此基础上就诞生了新能源电池，即新动力电池。目前最受关注的主要有"燃料电池"和"太阳能电池"。

一、最令人瞩目的明星

"燃料电池"是一种将存在于燃料与氧化剂中的化学能直接转化为电能的发电装置。燃料和空气分别送进燃料电池，电就被奇妙地生产出来。其中最实用的是使用氢或含富氢的气体燃料的燃料电池。由于材料、资金和市场等问题，燃料电池的研究和开发多年来几经反复。20世纪60年代末，燃料电池被用作航天飞行器的能源，并逐渐发展地面应用。至1990年，规模为11MW的燃料电池发电站在日本运行。能源、环保和交通等因素对燃料电池的发展起了极大的推动作用，21世纪燃料电池将成为重要的高新科技而得以飞速发展。1839年，William Grove 爵士通过逆转水的电解过程而发现了燃料电池的原理，从而能够从氢气和氧气中获取电能。由于氢气在自然界不易获得，在随后的几年中，人们一直试图用煤气作为燃料，但均未获得成功。1866年，Wernervon Siemens 先生发现了机—电效应。这一发现启动了发电机的发展，并使燃料电池技术黯然失色。直到20世纪60年代，宇宙飞行的发展，才使燃料电池技术提到议事日程上来。随着环境保护意识的日渐增强，大大激发了人们开发燃料电池技术的兴趣。近二三十年来，由于一次能源的匮乏和环境污染问题的突出，要求开发利用新的清洁再生能源。燃料电池由于具有能量转换效率高、环境污染小等优点而受到世界各国的普遍重视。美国矿物能源部长助理克·西格尔说："21世纪上半叶燃料电池在技术上的冲击影响，会产生类似于20世纪上半叶内燃机所起的作用。"福特汽车公司主管 PNGV 经理鲍伯·默尔称，燃料电池必会给汽车动力带来一场革命，它是唯一同时兼备无污染、高效率、适用广、无噪声和具有连续工作和积木化的动力装置，预计燃料电池会在国防和民用的电力、汽车及通信等多领域发挥重要作用。美国 Arthur D. Little 公司最

新估计，2000 年燃料电池在能源系统市场将提供 1 500 ~ 2 000 兆瓦动力，价值超过 30 亿美元，车辆市场将超过 20 亿美元；2007 年燃料电池在运输方面的商业价值将达到 90 亿美元。

（一）燃料电池的优点

（1）效率高。燃料电池发电不通过热机过程，没有中间环节的能量损失，理论上它的发电效率可达 85% ~ 90%，但实际上由于各种极化限制，目前各类燃料电池的能量转化率达到 40% ~ 60%，如果实现热电联供，燃料总利用率达 70% ~ 80%。

（2）机动灵活。燃料电池发电装置由许多基本单元组成。一个基本单元是两个电极夹一个电解质板，基本单元组装起来就构成一个电池组，再将电池组集合起来就形成发电站。

（3）燃料多样。虽然燃料电池的工作物质主要是氢，但它可用的燃料有煤气、沼气和天然气等气体燃料，甲醇、轻油和柴油等液体燃料，甚至包括清洁煤。

（4）环境友好。以纯氢为燃料时，燃料电池的化学反应物仅为水；以富氢气体为燃料时，其二氧化碳的排放量也极为有限。

（二）燃料电池的缺点

（1）燃料电池造价偏高。
（2）碳氢燃料无法直接利用。
（3）氢燃料基础建设不足。

二、太阳能

太阳能（Solar Energy），一般是指太阳光的辐射能量，现代常用作发电。自地球形成生物以来，这些生物体主要以太阳提供的热和光赖以生存，而自古以来，人类也懂得借助阳光晒干物件，并作为保存食物的方法，如制盐和晒咸鱼等。在化石燃料减少的情况下，人们才有意进一步发展太阳能。太阳能的利用有被动式（光热转换）和光电转换两种方式。太阳能发电是一种新兴的可再生能源。广义上，太阳能是地球上许多能量的来源，如风能、化学能和水的势能等。从太阳能发展的历史来说，光照射到材料上所引起的"光起电力"行为，早在19世纪就已经发现了，也就是如今的太阳能电池的雏形。

当电力、煤炭和石油等不可再生能源频频告急，能源问题日益成为制约国际社会经济发展的瓶颈时，越来越多的国家开始实行"阳光计划"，开发太阳能资源，寻求经济发展的新动力。在国际光伏市场巨大潜力的推动下，各国的太阳能电池制造业争相投入巨资，扩大生产，以争一席之地。

全球太阳能电池产业在1994～2004年这10年间增长了17倍，当时太阳能电池生产地主要分布在日本、欧洲和美国。2006年，全球太阳能电池安装规模已达1 744兆瓦，较2005年增长了19%，整个市场产值已正式突破100亿美元大关。2007年，全球太阳能电池产量达到3 436兆瓦，较2006年增长了56%。

中国对太阳能电池的研究始于1958年，20世纪80年代末期，国内先后引进了多条太阳能电池生产线，使中国太阳能电池生产能力由原来的3个小厂的几百千瓦一下子提升到4个厂的4.5兆瓦，这种产能一直持续到2002年，产量则只有2兆瓦左右。2002年之后，欧洲市场特别是德国市场的急剧放大和无锡尚德太阳能电力有限公司的横空出世及超常规发展给中国光伏产业带来了前所未有的发展机遇和示范效应。

目前，我国已成为全球主要的太阳能电池生产国。2007 年，全国太阳能电池产量达到 1 188 兆瓦，同比增长 293%。目前中国已经成功超越欧洲和日本，成为世界太阳能电池生产第一大国。在产业布局上，我国太阳能电池产业已经形成了一定的集聚态势。在长三角、环渤海、珠三角和中西部地区形成了各具特色的太阳能产业集群。

中国的太阳能电池研究比国外晚了 20 年，尽管最近 10 年国家在这方面逐年加大了投入，但投入力度仍然不够，与国外的差距还是很大。政府应加强政策引导和政策激励，尽快解决太阳能发电上网与合理定价等问题。同时，可借鉴国外的成功经验，在公共设施和政府办公楼等领域强制推广使用太阳能，充分发挥政府的示范作用，推动国内市场尽快起步和良性发展。

太阳能光伏发电在不久的将来会占据世界能源消费的重要席位，不但会替代部分常规能源，而且将成为世界能源供应的主体。预计到 2030 年，可再生能源在总能源结构中占到 30% 以上，而太阳能光伏发电在世界总电力供应中所占的比例也将达到 10% 以上；到 2040 年，可再生能源将占总能耗的 50% 以上，太阳能光伏发电将占总电力的 20% 以上；到 21 世纪末，可再生能源在能源结构中将占到 80% 以上，太阳能发电将占到 60% 以上。这些数字足以显示出太阳能光伏产业的发展前景及其在能源领域重要的战略地位。由此可以看出，太阳能电池市场前景广阔。

第二章　拿什么拯救你，我的地球

生存与毁灭，这是个问题。

——莎士比亚

全球石油危机日益严重，世界正在走向"后石油时代"。后石油时代是新能源、可再生能源快速成长和发展的时期，也是石油替代产品的培育、成长和发展的时期。当前石油供应安全面临三大挑战，一是石油需求不断增长使现有资源产量难以满足；二是矿物能源迟早要枯竭，目前没有替代能源能担当石油的角色；三是无节制地使用石油已对环境造成巨大的压力。石油供应的短缺，已经给世界经济的可持续发展造成巨大的压力。

第一节　走向终结的碳基能源

现代工业的迅速发展，极大地丰富了人们的物质生活。在物质文明的背后，站立着几位"功臣"，它们一直是工业赖以生存和发展的基础。像化石一样，它们是千百万年前埋在地下的动植物经过漫长的地质年代变化形成的，它们的主要成分是碳氢化合物及其衍生物，因此也称为化石能源或碳基能源。工业革命以来，煤、石油和天然气这些碳基能源对人类社会的发展产生了巨大的贡献，人类也因此创造了很多奇迹，但它们燃烧过程中排放的大量二氧化碳和二氧化硫等温室气体，是造成大气褐云、灰霾、酸雨和温室效应的罪魁祸首，更遗憾的是大部分碳基能源将在 21 世纪内被开采殆尽。根据国际能源专家的预测，地球上蕴藏的煤炭将在今后 200 年内开采完毕，石油储量只能满足人类 30 多年的需求量，天然气也只能再维持 60 年左右。如何改变以碳基能源作为人类基本动力来源的状况，成了当代社会必须面对的问题。

一、碳基能源与人类文明

人类文明最初的记忆来自于火，火是人类文明最重要的革命。火本是一种自然现象，如火山爆发引起的大火，雷电使树木等燃烧产生的天然野火。人类对能源的利用，最早就是从火开始的。人类对火的认识、使用和掌握，是人类认识自然并利用自然来改善生产和生活的第一次实践。火的应用，在人类文明发展史上有着极其重要的意义。从 100 多万年前的元谋人到 50 万年前的北京人，都留下了用火的痕迹。人类最初使用的都是自然火。人工取火发明以后，极大地促使了熟食生活的推广，人类随时都可以吃到熟食，减少疾病，促进了人类大脑的发育和体制的进化，而最终把人与动物分开。在如此悠长的历史岁月中，薪柴占据着第一代主体能源的位置。那时的用火还谈不上污染，而是一种贴近自然地原始文明，充满诗意的袅袅炊烟。

煤炭的利用，开创了人类的新纪元，把人类社会带入了第一次工业革命。意大利旅行家马可·波罗在其游记中对中国"会燃烧的石头"的奇事所作的专门介绍，"中国有一种黑石头，和别的石头一样从山上掘出，能够像木材一样燃烧。这种石头燃烧时没有火焰，只有在开始点火时，有一点火焰。如果夜间把它放在火里，这块石头整夜燃烧，一直到第二天早晨还不会熄灭……"。煤作为一种燃料，早在800年前就已经开始煤气灯的使用，照彻了人类的漫漫长夜。18世纪末蒸汽机的发明和使用，使煤炭一跃成为第二代主体能源，给社会带来了前所未有的巨大生产力，从此人类社会进入工业时代。到19世纪，法拉第发现电磁感应现象，以蒸汽机作为动力的发电机开始出现，煤炭被转化为更加便于运输和利用的二次能源——电能。

随着机器大工业的发展，煤炭资源成为真正的"工业粮食"，显示出极其地重要的价值。1846年，英国煤炭年产量达到4 400万吨，成为欧洲乃至全世界第一大产煤国。从此以后，英国到处建立起大工厂，那些高耸入云的烟囱喷出缕缕烟雾，庞大的厂房发出隆隆轰鸣，打破了中世纪田园生活的恬静。工业革命不仅改变了英国的经济地理面貌，大大提高了英国的国际地位，而且对世界也产生了极大的影响。然而，由于煤炭运输繁重、燃烧所需的锅炉笨重以及燃烧后大量的煤渣难以处理，使其最终于20世纪初被石油所代替。

1901年，美国得克萨斯州斯潘德尔托普油井开始石油的工业化生产，世界进入石油时代。"世界第一口现代油井"可以追溯到1859年8月29日美国人埃德温·德雷克在宾夕法尼亚州泰斯维尔小镇打出的一口深 21.69m 的油井，不过俄国人却认为，谢苗诺夫于 1848 年在里海阿普歇伦半岛开凿的油井才是世界第一口现代油井。不管这顶第一的帽子应该戴到谁的头上，他们都对开启石油时代做出了不可磨灭的贡献。19 世纪末，人类发明了以汽油和柴油为燃料的奥托内燃机和狄塞尔内燃机。1908年，福特研制成功了第一辆汽车。此后，汽车、飞机、柴油机轮船、内燃机车和石油发电等，将人类飞速推进到现代文明时代。第一次世界大战后，石油取代煤炭，成为绝大多数车辆的主要燃料，而航空时代的开启更让石油地位陡升。20 世纪 60 年代，全球石油的消费量超过煤炭，成为第三代主体能源。石油改变了世界，创造了人类新的文明，促进了社会的发展。

但是，随着全球人口急剧膨胀以及工业的进一步发展，人类的能源消费大幅度增长，整个工业就是靠碳基能源支撑的。然而，储量有限且不可再生的石油、天然气和煤等碳基能源将在几十年至 200 年内消耗殆尽，因此，对新能源的开发和利用已经迫在眉睫。

二、多灾的碳基能源时代

碳基能源在带给人类前所未有的工业发展和物质财富的同时，也给人类造成了难以承受的环境压力。近代工业革命，从蒸汽机开始，锅炉烧煤，产生蒸汽，推动机器；而后火力电厂星罗密布，燃煤数量日益猛增。遗憾的是，煤中含约 1% 杂质硫，在燃烧中将排放酸性气体 SO_2；燃烧产生的高温尚能促使助燃的空气发生部分化学变化，氧气与氮气化合，也排放酸性气体 NOx，它们在高空中被雨雪冲刷、溶解，形成了酸雨；这些酸性气体成为雨水中的杂质 SO_4^{2-}、NO_3^-、NH_4^+。1872 年，英国科学家史密斯分析了伦敦市雨水成分，发现它呈酸性，且农村雨水中含碳酸铵，酸性不大；郊区雨水含硫酸铵，略呈酸性；市区雨水含硫酸或酸性的硫酸盐，呈酸性。于是，史密斯首先在他的著作《空气和降雨：化学气候学的开端》中提出"酸雨"这一专有名词。

酸雨被称为"天堂的眼泪"或"空中的死神"，它可对森林植物产生很大的危害。据统计，欧洲中部约有 100 万公顷的森林因酸雨的危害而枯萎死亡；意大利北部有 9 000 多公顷的森林因酸雨而消亡。在我国重酸雨区四川盆地受酸雨危害的森林面积达 28 万公顷，占林地总面积的 1/3，消亡面积达 1.5 万公顷，占林地总面积的 6%；贵州省受危害的森林面积达 14 万公顷。酸雨和酸性尘粒可直接降入湖水内，也可降入河内再流入湖内，也可落到植被上，经雨水冲刷形成径流，注入河湖，也可渗入土壤，进入地下水，流入湖内，最终导致湖泊酸化。1980 年以来，加拿大有 8 500 个湖泊酸化，美国至少有 1 200 个湖泊酸化，成为"死湖"。酸雨形成的酸雾会对人体健康造成严重危害，引起肺水肿、肺硬化甚至癌变。据调查，仅在 1980年，英国和加拿大因酸雨污染而导致死亡的就有 1500 人，美国的酸雨计划环保局估计，自 2010 年起，美国因此每年要多花费500 亿美元的医疗开支。

20 世纪中叶发生的骇人听闻的公害事件，其罪魁祸首都是碳基能源燃烧的碳排放。1952 年 12 月 5 日震惊世界的伦敦烟雾事件，持续五天的浓雾，夺走了4000多人的生命。在以后的3个月中，又有8000多人因受雾害而相继死去。那么，伦敦的这场烟雾为什么会"杀人"呢？事后经多方调查，人们才弄清是大气中的二氧化硫、水滴（雾）和粉尘的共同作用，形成了这场雾灾。粉尘主要是来自煤烟中的未燃烧完全的炭粒，还有二氧化硫、二氧化硅等成分，可形成雾滴的核心，催化空气中的二氧化硫，生成三氧化硫，形成危害人体健康、威胁生命的"硫酸雾"。洛杉矶光化学烟雾事件最初发生在1946年，汽车大量排出的碳氢化合物、一氧化碳等污染物在日光照射下发生了光化学反应，生成浅蓝色烟雾，称为光化学烟雾，其中含有臭氧等强氧化剂，危害十分严重。1954年和1955年在洛杉矶相继出现了两次光化学烟雾事件，其中第三次危害最为严重，66岁以上的老人就死亡400人。日本的东京、大阪和澳大利亚的悉尼等城市也发生过类似的光化学烟雾事件。1961年日本四日市哮喘事件也是由于石油化工联合企业大量排放的硫氧化物、碳氢化物和飘尘等污染物，造成严重的大气污染而导致的。

2002年，一份题名为《亚洲褐云：气候和其他环境影响》的研究报告指出，南亚地区上空厚达3千米的污染云团，可能是造成该地区每年50万人健康受损、导致某些地区洪涝肆虐而另一些地区干旱炙人，进而造成人命损失的原因。卫星图片显示，这片污染云团覆盖整个亚洲南部，北至中国北部，西面由印度延伸至阿富汗及巴基斯坦，面积达2590万平方千米。云层阻隔使阳光对地面和海洋的照射减少了10%~15%，整个区域因而转凉，但低大气层的温度却升高。西北亚部分地区降雨量锐减，比如巴基斯坦西北部、阿富汗、中国西部及中亚西部的降雨减少量达 40%，印度西北部及巴基斯坦出现旱灾，而亚洲东岸降雨量却大增，使孟加拉国、尼泊尔及印度东北部洪涝灾害不断，对从阿富汗至斯里兰卡的整个南亚地区的农业和热带雨林造成危害。因为污染会使热带雨林的分布发生根本改变，该地区数百万人可能面临干旱或水灾，进而牵涉到经济发展和人民健康。

三、碳基能源时代的尾声

碳基能源除了其燃烧后造成的严重污染外，最大的遗憾是其不可持续性。煤、石油和天然气这些经过几亿年地质演化而形成的宝贵碳基能源，在不到几百年的时间内将被开采殆尽，到那时，这 3 个名词将也只能在教科书中出现。回望近代史上的 3 次石油危机，表面上是由石油价格急剧波动引起的，其实质是世界各国的能源之争，占有能源的控制权才会有生活的主动权。

每次油价的大幅飙升，都会对全球经济产生严重冲击，甚至导致西方主要经济体陷入衰退。第一次石油危机时，国际油价比危机前大约增长了 2 倍，达到 48.92 美元/桶。由于国际油价的大幅上涨，1974 年全球进入高通胀期。发达经济体的通胀水平达到了 13.95%，日本更高达 23.95%，发展中经济体的物价水平也达到了 15.76%。2008 年上半年，因油价上涨，导致全球经济运行成本提高，产品价格普遍上涨，通货膨胀压力加大。

石油价格上涨是当今世界经济最大的危机。很长时间内，高油价似乎并未给各国带来太大的问题，世界经济也并未因为高油价而受到明显的冲击。这其中有很多原因，但政府对于国内油价的控制是重要的一点。据报道，我国 2011 年 4 月份用于石油补贴就达 71 亿元之多，若按这个数推算，一年政府用于补贴石油的钱将在 800 ~ 1000 亿元人民币之间。随着油价持续攀高，各国政府也日益感到力不从心，因为给国内企业和居民提供燃油补贴的负担越来越沉重。这种现象在发展中国家尤为明显。

油价过山车背后，是公众挥之不去的普遍焦躁情绪，而最大的阴影，则是我们今天高度依赖的碳基能源正在逐渐枯竭。全世界虽有上万个产油田，其中日产量超过 10 万桶的大油田仅有 116 个，这些油田占全球石油产量的一半。但这些油田绝大部分已生产 25 年以上，其中很多已经显现颓势。国际能源机构调查了排名前 400 位的油藏，发现最大的麻烦是世界几个最大的油田都面临产量递减问题。

第二节　发烧的地球母亲

1988 年岁末，美国《时代》周刊一年一度人物的例会在美国洛杉矶召开，当评选结果揭晓时，人们无不惊讶地发现，这年评选出的全球"头号新闻人物"并不是当代任何一位风云人物，而是人类所赖以栖息和生存的地球。《时代》周刊的评委们选择地球为世界风云人物的罕见之举出乎意料，但绝非哗众取宠，标新立异。地球是迄今所知唯一适合人类生存的美好家园，能源、水、土地、森林及矿产等自然资源是地球母亲给予人类的宝贵财产，是人类赖以生存和发展的物质基础，但是，地球上自然资源是有限的，人类必须在地球资源与环境容量允许的范围内去谋求人类文明的目标。生态环境恶化，灾害频频发生，现在只是一个征兆，在未来的历史进程中，如果不重视、不采取有力措施，我们迎来的将是灾难更加深重的世界，地球还将再一次成为全球"风云人物"，人类酿造的环境和灾害苦果，最终还得由人类自己来吞咽。

一、不断升温的人类温室

生活中我们见到的玻璃育花房和蔬菜大棚就是典型的温室。使用玻璃或透明塑料薄膜来做温室，使太阳光能够直接照射进温室，加热室内空气，而玻璃或透明塑料薄膜又阻止室内的热空气向外散发，使室内的温度保持高于外界的状态，以提供有利于植物快速生长的条件。温室有 2 个特点：温度较室外高，不散热。人们把这种效应称为温室效应，又称"花房效应"。

其实我们人类也一直生活在温室中，地球大气就像透明的玻璃或塑料，白天太阳光直接照射地球表面，夜晚又像棉被一样覆盖在地球外层，使地球温度不会剧降，维持了地球温度的相对平衡，保障了人类和生物的生命活动。大气温室效应最早是法国数学家让·巴蒂斯特·傅立叶发现的，1824 年，他在论文《地球及其表层空间温度概述》里首次阐述了这一现象。

没有大气层覆盖的地球，会是什么样子？看看地球的卫星月球就知道了。月球没有大气层，被太阳照射时温度会急剧升高，不受照射时温度则急剧下降，加上月面物质的热容量和导热率很低，月表白天阳光垂直照射的地方温度高达127℃，夜晚

则可降低到 -183℃。地球当然没有月球这样极端了，香港天文台的专家估计，如果没有大气层，地表平均温度将是 -18℃。而目前，这颗适宜人类居住的地球，表面平均温度维持在大约15℃的水平，正是拜温室效应所赐。

地球大气的主要成分是氮气和氧气，它们既不吸收也不散发热辐射。那些给地球保温的所谓温室气体大约有10种，最常见且最重要的是水汽，它所产生的温室效应大约占整体温室效应的60%~70%，这也是地球上风云雨雪等各种气象活动的主要载体，但它纯粹是一种自然现象。除此之外，二氧化碳（CO_2）、甲烷（CH_4）、氧化亚氮（N_2O）、氢氟碳化物（HFCs）、全氟碳化物（PFCs）和六氟化硫（SF_6）是6种主要的温室气体。其中，二氧化碳大约占整体温室效应的26%，是最重要的一种温室气体。二氧化碳在大气中存留的时间高达200年，即使我们今天完全停止向大气中排放二氧化碳，此前排放的二氧化碳产生的温室效应还将持续200年左右。

二氧化碳是地球上各类生物生命活动的主要参与者。植物通过光合作用从空气中吸入二氧化碳，转化为葡萄糖和淀粉等碳水化合物，再将碳水化合物转化为蛋白质和脂肪；动物则把植物作为食物，将植物组织的有机物消化掉，然后转化为动物组织；植物和动物死亡后埋压在泥土或水底下，在数万年压力及高温的作用下变成煤炭或石油等化石燃料，并储存起大量的碳。与此同时，各类生物都会通过呼吸作用释放二氧化碳，细菌和真菌会分解生物的尸体并释放出二氧化碳，化石燃料燃烧也会释放大量的二氧化碳，这些二氧化碳都会返回到地球大气中。通过这些复杂的活动，二氧化碳不停地在地球的大气圈、生物圈、地圈和水圈中循环流动。

二氧化碳不仅是上述自然活动的载体和产物，同时它也是人类生产活动的产物，人类耕作土地、砍伐森林和燃烧木材，都会向大气中释放二氧化碳。在工业化以前的时期，这些活动的规模都不大，因此产生的二氧化碳排放对地球大气的影响非常微小。

工业革命的到来，以前所未有的规模，显著改变了自然界的碳循环，工业革命以前很长一段时间，大气中二氧化碳的体积浓度比大致稳定在 $270 \times 10^{-6} \sim 290 \times 10^{-6}$。但在 1800 年以后，现代工业和交通发展迅猛，城市化水平不断提高，煤炭和石油消耗快速增加，大气中的二氧化碳浓度不断增加，而且增加速度越来越快。碳在自然界的循环平衡被彻底打破，地球开始"发烧"了。

1988 年，联合国环境规划署和世界气象组织共同成立了"政府间气候变化专门委员会"（IPCC）。IPCC 第四次评估报告认为，自 1750 年以来，由于人类活动，全球大气中二氧化碳、甲烷和氧化亚氮的浓度明显增加，1970～2004 年期间增加了 70%，目前已经远远超出了根据冰芯记录测定的工业化前几千年中的浓度值，在这 34 年间，二氧化碳的排放增加了大约 80%。到 2005 年，大气中二氧化碳的体积浓度比为 379×10^{-6}，远远超过了过去 65 万年自然变化的范围。

在这一趋势下，21 世纪的地球将会进一步变暖。报告估计，未来 20 年，全球气温将升高约 0.4℃；即使所有温室气体和气溶胶的浓度稳定在 2000 年的水平不变，仍会升温约 0.2℃。科学家预测，地球的平均气温将在未来100年内骤升1.4℃~5.8℃。这究竟意味着什么呢？科学家们提到了2.5亿年前西伯利亚的一系列火山爆发，当时的火山爆发向大气层排放了大量二氧化碳，使地球温度上升了6℃，最终导致地球上95%的生物死亡。

温室效应最终的结果：地球上的病虫害增加；海平面上升；气候反常，海洋风暴增多；土地干旱，沙漠化面积增大。

二、2℃：自然界最后的安全阀

工业革命以来，在人们享受物质财富急速膨胀的同时，气候变化的阴霾已悄然笼罩。20世纪80年代，应对气候变化的紧迫性和重要性开始逐渐被人们正视。但是，气候变化究竟达到哪种程度是危险的，气温升高多少将是自然界的临界值，并不是一个容易确定的问题。

2009年7月8日，在意大利山间小镇拉奎拉举行的八国集团（G8）峰会上，八国领导人同意，将全球变暖幅度控制在比工业化前高出不超过2℃的水平——这是科学家认为的安全极限，为此八国到2050年之前会将温室气体排放量削减80%。这是首次在重要的国际论坛上正式采纳这样的目标。

全球变暖幅度不能超过2℃这一理论观点，已为更多人所认同。6500万年前的第一次冰河世纪，导致恐龙全面灭绝；如果新冰河世纪来临，人类的未来会在哪里？

2℃，是一个什么概念？联合国环境规划署的温室气体咨询小组1990年报告指出，2℃可能是"一个上限，一旦超过可能招致严重破坏生态系统的风险，其恶果将非线性增加"。德国联邦议会的研究委员会也试图确定可接受的范围，认为每 10 年气候变暖超过 0.1℃将对森林生态系统非常危险，德国政府的气候变化咨询委员会 1995 年发现，2℃应该是"可容忍的"气候变暖的上限。如果地球气温再升高 2℃，全球的粮食将面临严重减产危险，10 亿～20 亿人将面临水资源危机，将近 30%的生物将濒临灭绝，非洲将变成不毛之地。

德国波茨坦气候变化研究所的比尔·哈尔博士说，平均气温不能超过 2℃，这是生态系统和人类社会生存的底线。到达这个临界点，将是灾难性气候变化的开端。IPCC 副主席马丁·帕里教授说："当全球平均气温上升的幅度在 1℃～2℃之间时，很多人遭遇水资源短缺和洪灾的风险将增加。当气温升高超过 2℃时，产生的影响将更巨大，全球将面临农作物减产、水资源短缺、海平面上升、物种灭绝及疾病增多等诸多困境。"

第三节　拯救地球的方案

一、低碳之路——人类生存的新选择

为了阻止全球变暖趋势，1992 年 9 月在巴西里约热内卢召开了由世界各国政府首脑参加的联合国环境与发展会议，会议制订了《联合国气候变化框架公约》，公约于 1994 年 3 月 21 日正式生效。该公约目的是控制温室气体的排放，以尽量延缓全球变暖效应。目前，公约已拥有 192 个缔约国，但并没有对参加国规定具体要承担的义务。

京都议定书会场

　　《京都议定书》是《联合国气候变化框架公约》的补充条款，是 1997 年 12 月在日本京都由《联合国气候变化框架公约》缔约国在第三次会议上制定的。其目标是"将大气中的温室气体含量稳定在一个适当的水平，进而防止剧烈的气候变化对人类造成伤害"。1997 年 12 月该条约在日本京都通过，并于 1998 年 3 月 16 日至 1999 年 3 月 15 日间开放签字，共有 84 国签署，条约于 2005 年 2 月 16 日开始强制生效，这是人类历史上首次以法规的形式限制温室气体排放。到 2009 年 9 月，一共有 184 个国家通过了该条约。条约规定发达国家从 2005 年开始承担减少碳排放量的义务，而发展中国家则从 2012 年开始承担减排义务。议定书已对 2008～2012 年第一承诺期发达国家的减排目标作出了具体规定，即整体而言发达国家温室气体排放量要在 1990 年的基础上平均减少 5.2%。

2007 年在印尼巴厘岛召开了《联合国气候变化框架公约》第十三次缔约方大会，会议着重讨论《京都议定书》一期承诺在 2012 年到期后如何进一步降低温室气体的排放。这次会议通过的"巴厘岛路线图"明确规定：2009 年年末在哥本哈根召开的第十五次会议将努力通过一份新的《哥本哈根议定书》，以代替 2012 年即将到期的《京都议定书》。

2009 年 12 月 7 日，192 个国家代表聚集哥本哈根，共同商讨《京都议定书》一期承诺到期后的后续碳减排方案。此次会议强调，气候变化是当今国际社会面临的最重大挑战之一。各国代表强调对抗气候变化的强烈政治意愿，以及"共同但有区别的责任"原则。为达成最终的会议目标，稳定温室气体在大气中的浓度以及防止全球气候继续恶化，从科学角度出发，必须大幅度减少全球碳排放，并应当依照 IPCC 第四次评估报告所述愿景，将每年全球气温升幅控制在 2℃ 以下，在公正和可持续发展的基础上，加强长期合作以对抗气候变化。各国应该合作起来以尽快实现全球和各国碳排放峰值，同时也认识到发展中国家碳排放达到峰值的时间框架可能较长，并且认为社会和经济发展以及消除贫困对于发展中国家来说，仍然是首要的以及更为重要的目标，不过低碳排放的发展战略对可持续发展而言是必不可少的。中国在哥本哈根气候变化会议前夕宣布量化减排目标，显示了中国政府继续加大力度减少经济发展中二氧化碳排放量的坚定决心。中方希望坚持联合国气候变化公约及京都议定书，并切实坚持和兑现"共同但有区别"的责任原则。

联合国气候大会于 2010 年 11 月 29 日至 12 月 10 日在墨西

哥的海滨城市坎昆国际会展中心举行。会议通过了两项应对气候变化的决议，推动气候谈判进程继续向前，向国际社会发出了积极信号。决议认为，在应对气候变化方面，"适应"和"减缓"同处于优先解决地位，《联合国气候变化框架公约》各缔约方应该合作，促使全球和各自的温室气体排放尽快达到峰值。决议认可发展中国家达到峰值的时间稍长，经济和社会发展以及减贫是发展中国家最重要的优先事务。决议坚持了《公约》、《议定书》和"巴厘路线图"，坚持了"共同但有区别的责任"原则，确保了明年的谈判继续按照"巴厘路线图"确定的双轨方式进行。尽管决议并不完美，但与会的绝大多数代表都认为，决意可以接受。墨西哥总统卡尔德龙表示，决议"开启了气候变化合作新时代"。美国气候变化特使斯特恩认为，决议"指引了前进的方向"。中国代表团团长、国家发改委副主任解振华表示，决议案文"均衡地反映了各方意见，虽然还有不足，但中方感到满意"。

2011 年 11 月 28 日，新一轮联合国气候变化大会在南非德班召开。大会要求《议定书》附件一缔约方（主要由发达国家构成）从 2013 年起执行第二承诺期，并在 2012 年 5 月 1 日前提交各自的量化减排承诺。会议决定正式启动"绿色气候基金"，成立基金管理框架。2010 年坎昆气候变化大会确定创建这一基金，承诺到 2020 年发达国家每年向发展中国家提供至少 1000 亿美元，帮助后者适应气候变化。

在政府积极推行碳减排措施的同时，每个公民都应承担相应的义务，倡导并实践低碳生活，注意节电、节油、节气，从点滴做起。

二、节能减排：我能行

进入 21 世纪以来，能源危机和环境污染已经成为全球关注的两大焦点，过度开发和依赖石油化学资源，给人类生存和发展带来了一系列问题。地球上的石油储量，按现在的消耗速度预测，未来 40 多年之后，石油资源将面临枯竭。随着经济的日益发展，人们对出行的便捷、舒适等要求越来越高，从而对汽车的依赖日益加深。交通运输早已成为石油消耗最多的工业部门，越是发达的国家，各种车辆（包括载人汽车、货运汽车等）占石油总消耗量的比例越高。比如美国，被称为汽车轮子上的国家，其汽车消耗的石油占本国总消耗量的 60%，2004 年，全球汽车消耗 9 亿多吨汽油，占石油消耗总量的 50%。根据最新出炉的统计数据，2011 年全球各种在用汽车的总保有量已突破 10 亿辆。由于汽车内燃机对于传统化石能源的巨大依赖，石油资源中 40% ~ 50% 用于汽车。大量燃油车辆排放的汽车尾气，如碳氧化物、氮氧化物等对大气环境造成了严重的污染，地球温室效应正在使人类生活的环境恶化，全球二氧化碳排放量的 20% ~ 30% 来源于汽车，城市的氮氧化物污染，大部分也源自汽车。为此，世界各国都共同承诺"节能减排"，社会也在积极倡导"低碳生活"。其中一项极其重要的工作就是开发新能源汽车。新能源汽车是指采用非常规的车用燃料作为动力来源的汽车（除汽油、柴油发动机之外所有其他能源汽车），包括混合动力汽车、纯电动汽车、氢发动机汽车、燃料电池汽车和太阳能汽车等。

发展新能源汽车的主要瓶颈就是开发作为车载动力的动力电池，如果能够研发出既安全可靠又经济耐用的动力电池，其行驶单位里程的费用与燃油汽车相当，甚至更低，汽车的销售价格也与燃油汽车相当，那么可以预见，电动车、混合电动车和燃料电池汽车定将在全球普及，石油的消耗量也将大幅度下降，从而大大降低车辆燃油对环境的污染，地球环境即将得到有效改善。

动力电池是实现节能减排的最有力措施之一。同时配以电动机/发动机来改善低速动力输出和燃油消耗的混合动力车型，可按平均需用的功率来确定内燃机的最大功率，此时处于油耗低、污染少的最优工况下工作。需要大功率内燃机功率不足时，由电池来补充；负荷少时，富余的功率可发电给电池充电，由于内燃机可持续工作，电池又可以不断得到充电，故其行程和普通汽车一样。在繁华市区，汽车低速行驶时，可关停内燃机，由电池单独驱动，实现"零"排放。

电动汽车开发的难点在于电力存储的动力蓄电池。动力蓄电池本身不排放污染大气的有害气体，即使按所耗电量换算为发电厂的排放，除硫和微粒外，其他污染物也显著减少，由于电厂大多建于远离人口密集的城市，对人类伤害较少，而且电厂是固定不动的，集中排放，清除各种有害排放物较容易。由于电力可以从多种一次能源获得，如煤、核能、水力、风力、光和热等，解除人们对石油资源日渐枯竭的担心。电动汽车还可以充分利用晚间用电低谷时富余的电力充电，使发电设备日夜都能充分利用，大大提高其经济效益。有关研究表明，同样的原油经过粗炼，送至电厂发电，经充入电池，再由电池驱动汽车，其能量利用效率比经过精炼变为汽油，再经汽油机驱动汽车高，因此有利于节约能源和减少二氧化碳的排量，正是这些优点，使电动汽车的研究和应用成为汽车工业的一个"热点"。

燃料电池汽车是指以氢气、甲醇等为燃料，通过化学反应产生电流，依靠电机驱动的汽车，其关键技术是燃料电池的开发与应用。燃料电池的能量是由氢气和氧气的化学作用直接变成电能，而不是经过燃烧所产生的。燃料电池的化学反应过程不会产生有害产物，因此燃料电池汽车对环境无污染，其能量转换效率比内燃机高2~3倍，从能源利用和环境保护方面来看，燃料电池汽车是未来汽车最理想的选择。与传统汽车相比，燃料电池汽车可实现零排放或近似零排放，降低了温室气体的排放，提高了燃油经济性，有效地减少了人类对化石能源的依赖。

汽车发展带来的影响

第三章　电能—推动世界的大力神

人们常说，"柴米油盐酱醋茶"，这些是人们生活的物质基础。其中，"柴"排在第一位，是创造一切的根本。原始社会，燧人氏"钻木取火"，用的原料是木棍和树木。自此之后人类学会用"柴"生火、做饭、照明和取暖，步入了文明时代。"柴"成了古代人们生活或生产的最初能源和唯一能源。18世纪蒸汽机的发明与利用，标志着人类进入了工业时代，工厂制代替了手工工场，用机器代替了手工，创造巨大生产力（机器生产），依附于落后生产方式的自耕农阶级消失了。19世纪电的发现，真正改变了世界的面貌。

跨人21世纪之际，人类面临着实现经济和社会可持续发展的重大挑战，在资源有限和环保要求日趋严格的形势下，节能已成为全球最重要的话题。电能作为一种清洁能源，是现代社会人类生活和生产中必不可缺的二次能源。在新能源汽车日益兴起的新形势下，电动汽车成为电力企业新的需求市场。

从能源的角度讲，电能的优势在于传输方便，但其能源利用率并不高。以我国北方为例，火电站把煤燃烧产生的热能转化成电能，中间的损耗其实非常巨大。首先，电厂的利用率最高仅能达到34％，66％的热能在发电的过程中转换成非电能。其次，电在传送过程中有相当损耗。发电以后，经过变电站升压，输送到电网，这会造成部分电能的损耗，经过输送线路过程，又会使得部分能源产生损耗。现在采用高压输电的原因就是损耗相对较少。把电从电网那边请出来，降压又要损失一部分能源，降压以后又在充电过程当中损失一部分能源。

因此，目前面临的挑战之一就是如何进行电能储存，解决日益严重的能源危机，满足汽车动力和人类社会的需求。动力蓄电池作为新能源汽车的能量存储器，充电时将电能转化为化学能储存起来，放电时释放出电能来。燃料电池在化学反应过程中直接将化学能转化为电能，为动力汽车提供直接的电力，有效地提高了能源的利用率。

第一节　从第二次科技革命说起

18 世纪末，以蒸汽机的发明和应用为主要标志的第一次科技革命，使社会生产力发生了革命性的变革，以机器大工作代替工场手工业，从此人类进入机器时代。第一次科技革命实现了工业生产的全面机械化，促进了社会经济的迅猛发展，但也有它难以克服的缺点，如产生和使用不方便、长距离输送困难等等。所以社会对动力提出了更高的要求。

19 世纪中叶，以发电机的发明为起点、以电力的广泛应用为标志的第二次科技革命，不仅推动了生产技术由一般的机械化向电气化、自动化转变，更改变了人们的生活方式。

一、电学：大型室内游戏

很长时间以来，人们对电知之甚少。古希腊人和中国人都知道，一块琥珀，如果经过摩擦，可以吸引诸如羽毛等轻盈的东西。古希腊人把这一化石树脂称为 electron，这就是电（electricity）这个词的由来，但当时对电却知之甚少。

1600 年，吉尔伯特在他的《轮磁》一书中提到如何区分磁和电，磁就是磁石吸铁的能力，电则是琥珀（还有黑玉和硫黄）被摩擦后吸引物体的能力。他最早指出，这一特性并不是琥珀、黑玉和硫黄所固有的，它是一种流体，经过摩擦产生或者转移。但是他对电没作太多的讨论，因为他认为这一现象不值一提。

从此，很长一段时间以来，电都被认为不值一提。17 世纪爱尔兰科学家波义耳与当时任何人一样欣赏一项有趣的娱乐，他这样记述：

"……假发，干燥到一定程度后，就会被人的肢体吸引，我通过让两位漂亮的女子戴上它们证明了这一点。有时我观察到，她们无法阻止假发飘向面颊，或者贴在面颊上，尽管她们没有用胭脂。"

波义耳的同代人，萨克森地区马德堡的盖里克（1602 - 1686），用一个旋转着的硫黄球当做起电机，做起电学实验。他把熔融的硫黄和其他矿物质注入一个当做模子的玻璃球中，然后撤除玻璃球，这一器械"与婴儿的头一般大"。为了使它能够绕轴旋转，盖里克在其中心打了一个孔，然后在孔中插进一根带有把手的铁棍，一只手握住硫黄球，另一只手使它转动。摩擦使球带电，于是球就可以吸引其他物体。盖里克还发现，他能把电传到其他物体，例如另一个硫黄球。他注意到另一件有趣的事情，原先会吸引硫黄球的物体，一旦与硫黄球接触后，就会被硫黄球排斥。

到了 18 世纪，带电玻璃球和棍棒成为风靡欧洲的娱乐工具，聚会上，宾客们以这样的方式彼此逗乐：相互电击、吸引羽毛之类的轻盈物体，使对方头发竖起。

当然，科学家感兴趣的是现象背后的原因。他们猜测，这可能是另一种"没有重量"的流体，尽管已知的流体大多可归入热和燃素，而燃素就是引起燃烧的物质。为了解释盖里克注意到的吸引/排斥现象，最流行的理论是二流体论。一种流体吸引，另一种流体排斥。用毛皮摩擦玻璃棒或玻璃球会转移一部分流体，产生电荷。

1729 年迎来一次突破性事件，雷格（1666－1736）发现，当他用软木使玻璃管的任一端带电时，不仅玻璃管，而且软木也带电了，从而发现了导电现象。后来，莱顿瓶的问世，可以储存摩擦产生的大量静电荷。如果想让带电的莱顿瓶放电，只要把手靠近它的中心棒就行，在早期的电学研究中，许多研究者因此而遭受到猛烈电击。当一片金属接近莱顿瓶时，只见接缝处会迸出火花，同时还伴有劈啪声。莱顿瓶的发明，标志着对电的本质和特性进行研究的开始。

二、电学行家：富兰克林

美国科学家富兰克林生前以国家领导人、外交家、天才发明家和心灵手巧的织布工而赢得声誉。他还因其充满灵感和活力的心智而著称于世。他是许多欧洲科学家的朋友，包括普利斯特里和拉瓦锡。他的电学工作，有些甚至冒了极大的危险，更是闻名遐迩。

42 岁那年，他以一名富裕商人的身份退休，从此无牵无挂地投入到早在 1746 年就开始的电学研究。他提出了一种理论，认为摩擦电是"电流体"的转移，从而使表面带"正电"或"负电"。正电可能就是一种多余的流体，负电则是一种流体的缺乏。尽管流体理论本身在 18 世纪就销声匿迹，但正电荷和负电荷的概念却沿用至今。这个"单流体理论"打破了被普遍接受的"二流体理论"。

富兰克林还提出电荷守恒定律，这个定律指出：为了产生一个负电荷，一定会有等量的正电荷出现。还有，宇宙中所有的负电荷和正电荷必定完全平衡。所以，如果有人用羊毛衫摩擦气球，气球就得到了负电荷，而正电荷留在羊毛衫上。然后，如果把气球靠近墙面，它会吸在哪里，因为它的负电荷吸引了墙上原有的正电荷。富兰克林的电荷守恒定律和单流体理论有助于解释刚刚发明的莱顿瓶的原理。

莱顿瓶大容量的电荷储存能力使得有可能用它来做各种类型的实验，派上不同的用场，进行各种表演。富兰克林对此十分欣赏。他曾经如此感叹："多么奇妙的瓶子……多么神奇的瓶子"。于是在 1749 年，他和朋友们决定在苏吉尔河岸上举行一场聚会，这场聚会的主题就是电的应用及奇观。他们计划通过水来隔岸传递火花，用电击杀死火鸡（可以使鸡肉更嫩），并在有"电瓶"点燃的火上烤。但是，这一天以相当令人震惊的记录结束，富兰克林在给他的兄弟约翰的信中写道：

"正准备用两个大玻璃瓶（其中的带电量相当于 40 个普通小瓶）放电杀死火鸡时，由于疏忽，电荷竟通过我自己的手臂和身体，这是因为当我的一只手握住两个瓶子相连的电路时，另一只手刚好碰到了位于顶部的金属连线，于是产生了火花。据现场的同伴们说：闪光非常亮，噼啪声也非常响，如同枪声。然而，我立刻失去了知觉，既没有看到闪光，更没有听到响声，更没有感觉到双手受到的电击。……我无法描述我的感受，这是从头到脚对我全身的打击，似乎来自内部也来自外部。在这以后，我最先注意到的就是身体的急速摇晃，然后逐渐缓和，感觉也逐渐恢复。"

富有胆识和爱心的富兰克林

富兰克林除了积极从事科学和政治活动以外，还是美国第一位重要的出版家，自 1732 年开始，他的《穷理查历书》(Poor Richard's Almanack) 在以后的 25 年里连续发行了 25 版，成为提及此时期最流行的出版物（仅次于《圣经》）。年鉴是一本农业手册，富兰克林在这里面加入个人生活的各种建议以及随意却是有用的信息，字里行间充满乡土气息，深得出自于理查德之口。富兰克林把这归功于富兰克林本人。

富兰克林在公共事务领域服务，除了改善一般的邮政服务之外，也改进了《穷理查历书》的发行工作，增加了乡村邮政力量，提高了邮政速率，疏通了从船间到别州的亚州的通道，一通道后来称为英国主道。

经商的成功以及诸如富兰克林大炉之类的实用性发明，使他家境富裕，未曾充忙，1749 年，他出售商店，从此未能全心全意致力于科学研究。他的研究工作也指著名的电学实验，以及关于光的微粒说，预行了 19 世纪牛顿与光的微粒说的工作。

富兰克林在 1743 年创建了美国哲学会后，又于 1749 年创建了一所学院，即后来的费夕法尼亚大学。1757 年，他作为宾夕法尼亚殖民代理人出访英国，而且多次往返于大西洋两岸，参加皇家学会活动，与此同时积极参加美国殖民地独立运动，开成为该国首席代言人。

也许最负盛名的是，富兰克林是 1776 年《独立宣言》的起草人之一，也是一直富兰克林多才多艺，兴趣广泛一起在法国担任外交官 (1777—1785) 期间，他成功地为美国联络到电学研究、及风筝实验)而闻名子法国的援助，在其与其未国的众多谈判中发挥了积极作用，且及在该谈判中保证了美国在 1783 年的独立。

美国第一位世界知人物富兰克林，在政争后获得了如此之高的声誉，以至于他仍以决就发现自己再次陷入人民事务和政治活动之中。他继续在很多方面起媒介作用，包括在批准美国宪法中文谋的重要作用，直到 1790 年去世。

【文献来自：《科学的旅程》（美）雷·斯潘根贝格；戴安娜·莫泽】

噼噼啪啪的声响和火花形状使富兰克林联想到莱顿瓶中的静电与天空中的闪电之间的关系，从而他发明了避雷针。1752 年的一个雷雨天，他放飞了一个特制的风筝，牵着风筝的丝线连着一个尖尖的金属钥匙。他的思路是：丝线会把天空的电传到地面。他注视着天空，等候合适的时机，当看到云层中隐现闪电时，他立刻握住钥匙，只见火花顿时迸出，就像莱顿瓶放电一样。富兰克林还通过闪电使莱顿瓶充电。由此证明，闪电本质上就是电，于是他被选为英国伦敦皇家学会会员。

但是，富兰克林非常幸运。后来有两个人试图重复他的实验，都被电击身亡。

富兰克林崇尚实用，总是把自己的知识立即付诸应用，1782 年，在他生活的费城，已有 400 户人家使用他发明的避雷针。他还在自己的家里装上铃铛，每当带电的云团在上空越过就会叮当作响，于是他就抓住机会收集电荷或进行实验。

三、轰动巴黎的科学表演

1746 年 4 月春光明媚的一天，巴黎的市民穿红戴绿、扶老携幼，从四面八方向"巴黎圣母院"教堂前的广场赶去，去观看一场神奇的科学表演。

下午 3 时，教堂正门台阶上临时搭起的观礼台上，坐满了达官显贵和皇室人员，四周彩旗飘扬，鼓乐齐鸣。表演开始了，为首的神父——巴黎实验物理学校教师诺莱特走向观礼台，鞠躬致礼后，让 700 名修道士手拉手地围成一个直径约 270m 的半圆圈，他走到圆圈的中心，将一只银光闪闪的玻璃瓶高高举起，大声说："这瓶子就是这几个月来人们热衷于议论的莱顿瓶，现在我将使各位大人亲眼目睹它的神威。"接着，他令助手拿来摩

(a)

(b)

轰动巴黎的科学表演

擦起电机，手摇把柄，向莱顿瓶充电。然后，他让排头的修道士手捧玻璃瓶，再令排尾的修道士用手去握住莱顿瓶中央金属棒引出的导线，就在修道士握住这导线的瞬间，蓦然一声"噼啪"响，700多名修道士同时像触电一样，跳了起来，一个个吓得面如土色。这一触目惊心的场面，使所有的观众都惊得目瞪口呆：小小的玻璃瓶，哪来这么巨大的威力，真是不可思议！

"这威力并不是来自瓶子，而是来自莱顿瓶里储藏的电。电将是未来世界的主宰。"诺莱特讲起了莱顿瓶的发明故事来，他以令人信服的语气向人们解释了电的巨大威力。后来人们很快又把电用于医学，将起电机产生的电通过病人身体，用于治疗半身不遂、神经痛等病症。这种治疗方法一直使用，直到人们弄明白电的作用后，才停止下来。

四、法拉第无意中的伟大发现

法拉第（Michael Faraday, 1791—1867），英国物理学家、化学家，1791 年 9 月 22 日生于伦敦。父亲是铁匠，母亲识字不多，法拉第从小生长在贫苦的家庭中，并没有接受较多的教育。9 岁时，父亲去世，法拉第不得不去文具店当学徒。1805 年到书店当图书装订工，这使他有机会接触到各类书籍。每当他接触到有趣的书籍时就贪婪地读起来，尤其是百科全书和有关电的书本，简直使他着了迷。繁重的体力劳动、知识的匮乏和贫困的生活，都没能阻挡法拉第向科学进军。

有一次，法拉第去听著名科学家戴维的讲座，他认真地记笔记，并把它装成精美的书册。然后把这本笔记本和一封毛遂自荐的信于 1812 年圣诞节前夕，一起寄给戴维。在戴维的介绍下，法拉第终于进入皇家学院实验室并成为戴维的助手。

法拉第在实验室工作半年后，随戴维去欧洲旅行。对法拉第来说，这次旅行相当于上了"社会大学"，他结识了许多科学家，如盖·吕萨克、安培等，还学到许多科学知识，大开眼界。法拉第回国后，表现出惊人的才干，不断取得成果。

在法拉第的思想中，确信物理学所涉及的自然界的各种力是互相紧密地联系着的。他通过分析电流的磁效应，认为既然电可以产生磁，反过来磁也应该能产生电。他在 1822 年的一篇日记中就写了这样的话："把磁转化成电"。法拉第朝着这个目标，坚定不移地坚持实验研究近 10 年，经历 5 次重大失败，终于发现了电磁感应现象。

1831 年 8 月，法拉第做了一个新装置。他在直径 6 英寸的铁环的半边，用铜丝绕成线圈，接上电流计；在铁环的另一半也绕了一组线圈，接到由 100 个伏打电池连成的电池组上。合闸，法拉第觉得电流计的指针晃动了一下，他定神细看，指针仍指在零点，法拉第查看了桌上的仪器：A 段的线圈仍连着电池组，B 段的线圈仍连着电流计。"如果指针真的动过了，它应该不断地来回摆动，或者偏向一边，可现在指针为什么又指在零点不动呢？"法拉第想不出原因，只好拆线了。这时电流计上的指针又动了。这一回他看清楚了，这次指针是向与刚才相反的方向发生偏转，接着又回到了零点，法拉第反复地合上、拉开电闸，发现指针不停地来回摆动。为什么指针总是这样来回摆动呢？法拉第百思不得其解。他给朋友查理·菲利浦斯的信中说："我目前正忙于电磁研究，而且我想，我已经抓到了一点苗头，但是一时还讲不出什么道理。可是我在全力以赴之后，最后从水里抓到的，可能不是一条鱼，而是根稻草。"

发现了由磁生电的现象之后，法拉第又经过两个月的奋战，找到了一种更为简单的办法，用一根梯形磁铁和一个闭合线圈，也可以获得这种大小、方向不断变化的电流。

法拉第就在不断重复这个实验的时候，领悟到磁并不能产生电，只有运动的磁才能生电。多年来，那么多有才华的科学家孜孜不倦、苦心探索的问题，答案竟是如此简单。他们之所以在电磁的大门外徘徊不前，原来是"静电"和"静磁"的框架束缚了他们的头脑。这其实并不奇怪，因为大多数人在思考问题的时候，总喜欢按常规方法和现有的思想体系来进行逻辑推理，这叫做思维定势。到了这一步创造能力已被窒息，再要前进就困难了。这时需要胆识过人的科学家，敢于打破常规，另辟蹊径，才能出奇制胜。法拉第的成功正在于这一点，另外他的运气也挺不错，这也很重要，俗话说："谋事在人，成事在天！"

电磁感应现象的发现是电磁学发展史上所取得的极其重要的成就之一，它进一步揭示了自然界电和磁之间的联系，促进了电磁理论的发展，为麦克斯韦电磁场理论的建立奠定了坚实的基础，使现代电力工业、电工和电子技术得以建立和发展。公元 1831 年，法拉第将一根封闭电路中的导线通过电磁场，转动导线时，有电流流过电线，法拉第因此了解到电和磁场之间有某种紧密的关联，从而建造了第一座发电机原型，其中包括了在磁场中回转的铜盘，此发电机产生了电。在此之前，所有的电皆由静电机器和电池所产生，而这二者均无法产生巨大能量。但是，法拉第研制的发电机改变了一切。

第二节 "没仓库"的发电厂

莱顿瓶是电池建造的雏形，它的发明使物理学第一次有办法收集到很多电荷，并对其性质进行研究。后来富兰克林肯定了"起储电作用的是瓶子本身"，"全部电荷是由玻璃本身储存着的"，正确地指出了莱顿瓶的原理，人们发现，只要两个金属板中间隔一层绝缘体就可以做成电容器，而并不一定要做成像莱顿瓶那样的装置。然而，最初人们收集的电能全部来自于摩擦起电，不能满足大规模使用。

直到 1831 年，英国科学家法拉第发现电磁感应现象，1866 年，德国工程师西门子制成自激式直流发电机，1875 年，法国巴黎北火车站建成世界上第一座发电厂，为附近照明供电。1879 年，美国旧金山实验电厂开始发电，是世界上最早出售电力的电厂。1880 年后，在英国和美国建成世界上第一批水电站。1882 年，法国人德普勒建成第一条远距离直流输电线路。1913 年，全世界的年发电量达 500 亿千瓦时，电力工业已作为一个独立的工业部门，进入人类的生产活动领域。

电能作为一种清洁能源，是当今世界不可缺少的最理想的二次能源。发电是指利用发电动力装置将水能、化石燃料（煤、油、天然气）的热能、核能以及太阳能、风能、地热能、海洋能等转换为电能的生产过程。在化石能源日益匮乏的今天，电能更是电气时代生存和发展的基础。奇怪的是，发电厂从其诞生之日起就不同于其他工厂，它是一座没有仓库的生产基地。那么发电厂是如何运行的呢？发电厂和其他工厂的区别在于其不能储蓄"产品"，因为在电力系统中，发、输、配、送、用是同时完成的，加上损耗，也就是说，用多少，发多少。为此，在电力系统中的发电厂，有些是调频的，根据用电负荷变化（反映在频率上），随时自动增减发电功率。有些是调峰的，根据负荷大小的变化，投入或退出运行。发电厂是最敏感的"投资者"，其最能体现供求关系的变化。工厂和居民家里通常使用是交流电，它由发电厂经过高低压电力输变电线路网络，通过当地的供电部门输送给各种电压等级的电力用户。这种交流电不能储存，发电和用电是在同一时间内完成的，即用户需要多少电力负荷电厂就控制电厂发电多少负荷，只不过电力网上有许多电厂的许多发电机组成，为了适应每天不同时间用户负荷需求，电网负荷管理调度中心时时刻刻在统一调度各电厂甚至每台发电机的发电负荷，以保证所有电力需求量和电力供应的质量。

当然，电力的能源转化，有煤碳、燃气、水力、核能、风能、地热、潮汐和太阳能等，电力网络负荷管理调度中心会根据综合电力生产的经济成本综合调度电力生产情况，实现全社会能源综合节约。如夏季水资源丰富，则燃煤机组发电少，水力发电机组发电多，反之冬季枯水季，水力发电机组发电少，而燃煤机组发电多。为了维持发电—供电—用电的平衡，对机组的发电能力保持在非最大负荷下运行，随时随着用电的多少进行与之相匹配。因此，节约用电，实际上就是减少电力需求供应量，从而减少能源消耗，节约煤炭等。

世界各国的电力供应系统都存在着电网负荷平衡的问题，电力供应的特点是早上 8 点到下午 18 点负荷较大，下午 18 点到 24 点为电力负荷高峰，晚上 0 点到早上 8 点为电力负荷低谷，每天的电力负荷波动很大。在晚上 0 点到早上 8 点为电力负荷低谷期间有大量的电力富裕。为了调节电网的负荷，采取停止一些发电机组运转或保持发电机低负荷运转，这使得发电机的效率降低，十分不经济。如果采用蓄能发电的方法来调节低谷时的电能，电动汽车利用夜间充电，在不需要增加新的发电设备的条件下，每年利用低谷时的发电量就可为电动汽车提供廉价的电力。如何储存电能，一直是人类追求的目标。

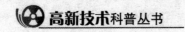

一、电能存储的要求

对于存储在备用系统的能量的要求，前提条件是至少存在两个参数：（长期）能量交换持续时间和功率（能量）。进一步的备用系统定义的要求可以归纳如下：

1. 短期储能系统

短期储能系统是指没有有效的传输手段联结电动机发电机或者备用馈线工具的备用系统。这些独立的系统，功率范围从100瓦到500千瓦，包括5～30分钟的储存能量的能力。这是建立在对公共事业单位停电时间的估计之上的。

2. 中期储能系统

中期储能系统是指具有有效的传输手段联结电动机发电机或者备用馈线工具或者其他电源的备用系统。这些储能系统功率范围可高达10 000千瓦，其中包括具有长达5分钟的储存能量的能力的系统，这些系统会根据时间来启动发动机、发电机组，使能量发生有效转移。

3. 长期储能系统

长期储能系统是指被当做普通市电系统的一部分，并且提供除了备用功能之外的一些其他功能，比如调峰、电压和频率的稳定调节、无功补偿等。这样的备用系统就称为长期储能系统。这些长期储能系统的额定功率可以高达20兆瓦，其提供持续电源的能力也可以高达8小时。以上所述的短期储能系统和中期储能系统可以满足特定负载对不间断电源所提出的要求。

二、电能的储存方式

（1）化学能：通过蓄电池，把电能以化学能形式储存起来，使用时化学能释放出电能。蓄电池必须满足寿命长、高密度、无毒、无腐蚀及操作方便等要求，因而最理想的是锂电池，其次是钠－硫黄电池、锌－氯电池和锌－溴电池等。而铅电池因存贮效率低、能量密度低及管理费用高等缺点将被逐渐淘汰。大型锂电池机组可用于电力负荷调平，即夜间贮电，白天放电。

电化学储能方式是一种有悠久历史的储能技术。由于受其价格和储能密度等因素的限制，以前并不把它放在能源领域的储能范围之内。近年来随着科技的不断进步，将可充电电池用于大规模储能也日见端倪，特别是在独立运行的风力或太阳能电站中，蓄电池已成为基本的储能装备。电池有多种类型，铅酸电池是人们最熟悉的一种可充电电池。现在密封型免维护的铅酸电池已成为这类电池的主流。碱性电池中的镉镍电池现在已被镍氢电池逐步取代。与碱性电池相比，铅酸电池有容量大、结构坚固和充放循环次数多等优点，但其价格也比较昂贵，这就限制了它在能源领域中的应用。另一类性能优异的电池是近年来出现的锂离子二次电池，它彻底解决了充放电的记忆效应，大大方便了使用，在制造过程中基本上避免了对环境的污染，有绿色电池之称，但其主要缺点是价格昂贵，如果能进一步提高储能密度并降低成本，那么有望用于供电设备的储能中。1986 年，德国建成了世界上第一个大型的现代化的电池储电站，该站使用铅酸电池储电，平均每小时发电量是 0.85 万千瓦时，必要时可增至 1.7 万千瓦时。此外，还有一些国家采用高效钠硫电池和锌镍电池来建储电站。

（2）热能：把夜间的余电通过蓄热器以高温热或者冷热贮存起来。由于将热能转换电能时造成能量质量的降低，因此直接以热的形式再利用情况较多。

在中国北方，每到冬季需要对室内加温取暖。现在市面上有一种被称为"储热式"电暖气的产品，由于这类电采暖器可以蓄热，据说能充分利用优惠电价政策，将夜间低价电能转化成热能，并储存在电暖器里的高密度介质中，以电热管为加热元件，以储热砖为热媒，在储热砖和外壳之间装有保温层。当通电后可以连续加热 7～8 小时，供全天 24 小时放热。第二天在可控状态下释放热能，从而达到采暖目的。蓄热式电暖器白天除放热外将不再耗电，有专家预测，其经济的运行费用将是其他任何采暖方式（除燃煤以外）都无法比拟的。

（3）势能：即所谓的抽水发电。夜间驱动电动水泵，把水抽向高处的水池，把电能以势能形式储存起来；白天用电高峰时，高处的水落下推动水轮发电机再转换成电能。

抽水储能最早于 19 世纪 90 年代在意大利和瑞士得到应用，迄今已有 100 多年的历史，抽水储能电站是当前唯一能大规模解决电力系统峰谷困难的一种途径。它是以一定水量作为能量载体，通过能量转换向电力系统提供电能的一种特殊形式的水电站。在电力负荷低谷时或丰水期，利用电力系统待供的富余电能或季节性电能，将下水库中的水抽到上水库，以位能形式储存起来；待电力系统负荷高峰时或枯水季节，再将上水库的水放下，送往电力系统。抽水蓄能电站既是一个吸收低谷电能的电力用户，又是一个提供峰荷电力的水电站。抽水蓄能机组以其独具的蓄能填谷作用和快速、灵活的启停特性，可作为系统中承担调峰、调频、调相、事故备用和黑启动等的重要技术手段，对确保电力系统安全稳定和经济运行以及电力平衡具有重要作用。这种方案的优点：技术上成熟可靠，其容量可以做得很大，仅受到水库库容的限制。其缺点：首先，建造受到地理条件的限制，必须有合适的高低两个水库。其次，在抽水和发电过程中都有相当数量的能量损失。此外，这种抽水储能电站受地理条件限制，一般都远离负荷中心，不但有输电损耗，而且当系统出现重大事故而不能工作时，它也将失去作用。

目前，世界上最大的抽水蓄能电站为英国的诺维格储电发电站，其发电能力为180万千瓦。我国也有3座抽水蓄能电站，分别是：广州抽水蓄能电站，总容量为120万千瓦；西藏羊卓雍湖抽水蓄能电站，总容量为9万千瓦；浙江天荒坪抽水蓄能电站，总容量为180万千瓦。

（4）物理储能：飞轮储能也称为飞轮电池，实际上是一种较为古老的技术。在20世纪90年代，将这一装置用于电力系统储能以实现削峰填谷的研究又转向高潮。其原理是由电能驱动飞轮到高速旋转，电能转变为飞轮动能而储存，当需要电能时，飞轮减速，电动机作发电机运行，将飞轮动能转换成电能，飞轮的加速和减速实现了充电和放电。由于采用变速恒频的电力电子技术，输出电能的频率可保持不变。同时，飞轮机组可以制成单元型。根据需要组合成更大功率的装置，并安装在负荷附近。这样既可根据需要逐步扩展，又可避免输电损失。飞轮储能的再起高潮，得益于 3 个方面的技术进展：一是利用高温超导在磁悬浮方面的突破，使磁悬浮轴承成为可能，这为实际上消除轴承的摩擦损开辟了道路，同时也为把飞轮密封在真空容器内以消除空气阻力提供了可能性，二者都为消除飞轮长时间运转的损耗起到了关键作用。二是高强度材料的出现，使飞轮有更高的转速，从而让飞轮储存更多的能量。首先是复合碳纤维材料，利用碳纤维制造飞轮可使储能得到数量级的提高。三是电力电子器件和技术的进步，使得电能转换和频率控制技术能够充分满足电力系统的要求。当然，要把飞轮储能真正用于电力系统，还有许多安全性、经济性问题尚需进一步解决。

空气压缩储电法是利用多余的电力，将空气压入地下的天然洞穴或废盐矿洞中，需要时再将空气放出，通过燃油燃气方法将空气加热后推动燃气涡轮发电机发电。如美国的阿拉巴马电力公司于 1991 年开始建设全美第一座空气压缩储电站，其储气库是容量达 50 万立方米的地下盐矿洞，每小时发电达 8 万千瓦时。

利用这些方式，不仅可以提高能源利用率，减小对碳基能源的依赖。储存的电能也可供人类工农业生产的电力使用，满足电动汽车的充电需求，实现汽车电气化。

第三节　即将到来的汽车电气化时代

蓄电池电动汽车是陆上交通工具和运载工具中的新成员，也是老成员，1881 年就出现了电动汽车，它比内燃机还早一些。陆上交通大家族粗略地分为火车、汽车和特种车辆等，随着历史的发展，在陆上车辆蒸汽机动力被淘汰，发动机动力（内燃机）占据了100多年的统治地位，20世纪后期电动动力已经进军到陆上车辆的队伍中，逐渐取代了发动机动力。这是科学及时发展的规律，也是节约石油资源、保护地球环境的必然趋势。

日本政府把发展电动汽车作为"低碳革命"的核心内容，并计划到2020年普及以电动汽车为主体的"下一代汽车"达到1350万辆；美国政府部署实施总额为48亿美元（其中，24亿美元为国拨）的电池与电动车研发与产业化计划，提出到2015年普及100万辆插电电池与电动车研发与产业化计划，提出到2015年普及100万辆插电式电动汽车；德国政府于2009年8月发布了以纯电动车和插电式电动车为重点的《国家电动汽车发展计划》，提出到2020年普及100万辆电动汽车。

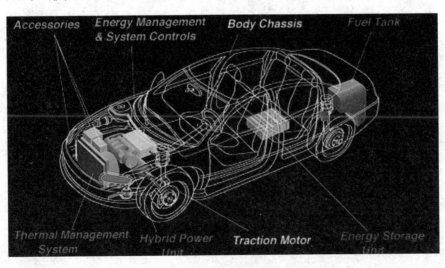

蓄电池作为电能储存系统

电气化已成为下一代汽车发展的主题，电动汽车和动力蓄电池将得到前所未有的发展。电动汽车的最终目标是达到内燃机汽车的技术性能水平，并逐步取代发动机汽车，实现陆上交通的全面电气化。

一、动力蓄电池—未来汽车产业的新宠儿

随着石油等一次性能源的日渐枯竭，世界汽车产业面临着使用什么能源的紧迫问题。同时，地球人不加控制地使用化石燃料，加剧了温室效应，直接破坏了人类赖以生存的生态环境。迫于资源和环保的要求，世界发达国家经过近 30 年的研究已逐渐形成共识，即在未来 20 年里，以电能为动力的电动车辆将逐步取代现有的内燃机车辆。当前，在电动车辆研发方面有三大关键技术：一是电动车辆的驱动电机及其控制技术；二是蓄电池快速充电和电量管理技术；三是电动车辆专用动力蓄电池技术。其中第一、二项技术已趋于成熟，唯有电动车辆专用蓄电池技术的研发步伐较慢，严重制约着电动车辆的发展。在北京第十六届国际电动车大会上，一家世界知名的外国大汽车公司的高层人士曾说道：谁掌握了实用型动力蓄电池技术，谁就能够成为未来汽车产业的领导者。

世界各国对动力蓄电池的研究，已经做出了巨大的努力，一直在寻找高能电池方案。如瑞士研制的续行里程达 200 千米左右的钠硫电池，以感应率高、感应损耗小的陶瓷作隔板，预示着动力蓄电池汽车明朗的前景。

我国出于对石油资源、生态环境和汽车产业发展的忧患，

从 20 世纪 70 年代初开始研究电动车辆及其核心技术。实用型动力蓄电池至今已有 20 多年，在北京第十六届国际电动车大会上，我国研制的续驶里程 200 千米的 ZC7050A 电动轿车作为中国参展企业唯一一辆与美国通用、日本电工委员会的电动车辆同场竞技并获得成功的实用型电动轿车，标志着我国的电动车辆研究取得了阶段性的成果。

锂离子动力电池是国际上于 20 世纪 90 年代初兴起的最新一代二次电池产品，目前尚无可预见的替代产品，作为一种高性能的可充绿色电池，在各种产品和交通工具中得到越来越多的应用。锂离子动力电池具有安全性好、电压和比能量高、充放电寿命长以及可快速充放电等优点，目前已具备广泛进入市场的能力。锂离子动力电池组装的电动车，已经出现在法国、意大利、日本、中国香港和台湾以及深圳、中山、武汉、郑州、北京、大连、重庆等许多城市。长春市对汽车产业的依存度很高，面对全球性的经济危机，因此长春市应该化危机为机遇，以汽车产业为龙头，加大力度开展节能减排型锂离子动力电池及其相关产业。

在国际上，美国 Valence 公司（美国上市公司）2004 年实现了 $LiFePO_4$ 的产业化，已在中国的部分锂离子电池厂家（东莞新能源、青岛澳柯玛及邦凯等）以 OEM 方式生产 4～10 安时的聚合物电池，其中东莞新能源的使用量就达到每年 120 吨。Valence 在中国苏州建设有生产基地，已开发 U – charge 及 K – charge 两个系列动力电池，其中 U – charge 为 12.8 伏、40～130 安时电池组，K – charge 为 25.6～51.2 伏、48～92 安时电池组，

比能量为 $91.6 \sim 101$ 瓦时每千克、能量密度为 $130 \sim 145$ 瓦时每升，除了优良的安全性外，可在温度为 $-20\,℃ \sim 60\,℃$ 条件下放电，及 $-40\,℃ \sim 60\,℃$ 条件下储存，80% DOD 循环寿命为 2000 次，而且其模块可与铅酸动力电池互换，并且已经开始广泛使用。A123 公司主要从事掺杂金属离子的 $LiFePO_4$ 材料的商品化运作，但相关网站上涉及技术指标的公开资料不多，部分产品已在台湾的部分厂家试用，据称生产能力为年产 500 吨，但其材料并不对中国大陆供货。北大先行科技产业有限公司近期已经实现磷酸亚铁锂的量产，但产品性能还有待改进。另外，湖南瑞翔、青岛乾运和山西力之源等也均在开展 $LiFePO_4$ 的产业化工作。

中国锂离子电池的生产总量已位居世界第二，2001 年锂离子电池产量为 2.2 亿只。随着国内电芯厂家生产技术的进一步提高，基于成本的原因，专家预计到 2006 年中国已超过日本成为世界锂离子电池的第一大生产国。目前中国拥有锂离子电池生产厂 50 多家，其中，比亚迪公司日产 30 万只以上，邦凯公司日产量已突破 10 万只，华粤宝、贵州航天和银思奇等公司日产量已达到 $4 \sim 8$ 万只，其他厂家都在纷纷扩大规模。另外，由于中国巨大潜在市场的吸引，国外电池生产厂，如日本三洋等纷纷来中国建电池厂，意欲更大规模地抢占中国市场。专家预言，21 世纪，中国不仅会成为锂离子电池第一需求大国，而且会成为锂离子电池的第一生产、出口大国。

鉴于中国国情的客观因素，电驱动助力自行车，这种介于机动车和非机动车之间的代步工具，更突出了其诸多优点和实用性。据专家分析，未来几年内，电动自行车将逐步取代普通自行车，锂动力电池作为电动自行车最理想的驱动能源，其市场保有量会随着电动自行车的逐年增加而增加。国内对锂离子电池正极材料的需求已超过 10 000 吨，其市场潜力更为巨大。电动摩托车市场规模化也已开始启动形成，锂动力电池的产生，给电动摩托车的研发者带来新的契机。台湾 EVT 电动摩托车公司用锂动力电池组装测试，一组选用 3.6 伏/100 安时组装的电摩托车，续驶里程达到 200 千米，最高时速可达 90~100 千米。在国内，各大摩托车厂商也瞄准了锂动力电池作为动力研发其市场广阔的前景是无法估量的。

从今年起在未来五年内，世界范围内将全面强制性实施新出厂轿车由原来 12 伏蓄电池改为 36 伏蓄电池。现代轿车注重车载电子系统的现代化，而现代化的车载电子系统，无一例外地需要电。1 只 12 伏/120 安时的蓄电池不能满足诸多电子系统的需要，而使用铅酸电池组合达到电压容量的要求，就要增加 3 倍的重量和 3 倍的体积。锂动力电池以其体积小、比能量大及质量轻等优点，将作为首选蓄电池而进入现代车一族。据专家估计，仅此一项世界每年 36 伏/100 安时的锂动力电池，其市场容量将达到几百亿美元。

目前"东北雷天新能源产业园"开始启动，建设规模为 150 亿安时/年磷酸亚铁锂动力电池，与一汽客车有限公司联合开发纯电动中巴、纯电动公交大巴和纯电动旅游大巴三款车型。3 年后该公司磷酸亚铁锂材料需求量将达到 10 万吨/年。深圳比克电池有限公司在天津投资 10 亿元专业生产磷酸亚铁锂动力电池，前期主要开发电动自行车、电动摩托车，陆续开发电动车动力电池。3 年后该公司磷酸亚铁锂材料需求量将达到 1 万吨/年。国内外开发动力电池的厂家远远不止这两家，随着电动工具、电动车技术的全面成熟，磷酸亚铁锂材料的市场需求量将是无法估计的。

二、魅力十足的飞轮电池

飞轮储能电池的概念起源于 20 世纪 70 年代早期，最初只是想将其应用在电动汽车上，但限于当时的技术水平，并没有得到发展。直到 20 世纪 90 年代由于电路拓扑思想的发展，碳纤维材料的广泛应用，以及全世界对环境污染的重视，这种新型电池又得到了高速发展，并且伴随着磁轴承技术的发展，这种电池显示出更加广阔的应用前景，正迅速地从实验室走向社会。目前，欧美国家已出现实用化产品，而我国在这方面的研究才刚刚起步。

飞轮电池中有一个电机，充电时该电机以电动机形式运转，在外电源的驱动下，电机带动飞轮高速旋转，即用电给飞轮电池"充电"增加了飞轮的转速从而增大其功能；放电时，电机则以发电机状态运转，在飞轮的带动下对外输出电能，完成机械能（动能）到电能的转换。当飞轮电池发电时，飞轮转速逐渐下降，飞轮是在真空环境下运转的，转速极高（高达 200 000 转/分，使用的轴承为非接触式磁轴承。据称，飞轮电池比能量可达 150 伏时/千克，比功率达 5 000 - 10 000 伏/千克，使用寿命长达 25 年，可供电动汽车行驶 500 万千米。美国飞轮系统公司已用最新研制的飞轮电池成功地把一辆克莱斯勒 LHS 轿车改成电动轿车，一次充电可行驶 600 千米，速度到 96 千米/时的加速时间仅为 6.5 秒。

飞轮电池系统包括 3 个核心部分：飞轮、电动机—发电机和电力电子变换装置。电力电子变换装置从外部输入电能驱动电动机旋转，电动机带动飞轮旋转，飞轮储存动能（机械能），当外部负载需要能量时，用飞轮带动发电机旋转，将动能转化为电能，再通过电力电子变换装置变成负载所需要的各种频率、电压等级的电能，以满足不同的需求。由于输入、输出是彼此独立的，设计时常将电动机和发电机用一台电机来实现，输入输出变换器也合并成一个，这样就可以大大减少系统的大小和重量。在实际工作中，飞轮的转速可达 40 000～50 000 转/分，一般金属制成的飞轮无法承受这样高的转速，所以飞轮一般都采用碳纤维制成，既轻又强，进一步减少了整个系统的重量，同时，为了减少充放电过程中的能量损耗（主要是摩擦力损耗），电机和飞轮都使用磁轴承，使其悬浮，以减少机械摩擦；同时，将飞轮和电机放置在真空容器中，以减少空气摩擦。这样飞轮电池的净效率（输入输出）达 95% 左右。

现在，使用最多最广的储能电池无疑是化学电池。它能够将电能转变为化学能储存起来，再转化为电能输出。它具有价格低廉，技术成熟的优点，但环境污染严重，效率低，充电时间长，用电时间短，使用过程中电能不易控制。另一储能电池是超导电池。它能将电能转化为磁能储存在超导线圈的磁场中，由于超导状态下线圈没有电阻，所以能量损耗非常小，效率高，对环境污染也小。由于超导状态是线圈处于极低温度下才能实现，维持线圈处于超导状态所需要的低温需耗费大量能源，而且维持装置过大，不易小型化，所以家用市场前景不强。飞轮电池兼顾了化学电池、燃料电池和超导电池等储能装置的诸多优点，虽然近阶段的价格较高，但伴随着技术的进步，必将有一个非常广阔的前景。其优点主要表现在几个方面：

（1）能量密度高：储能密度可达 100 ~ 200 瓦时/千克，功率密度可达 5 000 ~ 10 000 瓦/千克。

（2）能量转换效率高：工作效率高达 90%。

（3）体积小、重量轻：飞轮直径约 20 厘米，总重在十几千克左右。

（4）工作温度范围宽：对环境温度没有严格要求。

（5）使用寿命长：不受重复深度放电影响，能够循环几百万次运行，预期寿命 20 年以上。

（6）低损耗、低维护：磁悬浮轴承和真空环境使机械损耗可以被忽略，系统维护周期长。

飞轮电池可提供高可靠的稳定电源。美国国防部预测未来的战斗车辆在通信、武器和防护系统等方面都广泛需要电能，飞轮电池因具有快速充放电、独立而稳定的能量输出、重量轻、能使车辆工作处于最优状态、减少车辆的噪声（战斗中非常重要）以及提高车辆的加速性能等优点，已成为美国军方首要考虑的储能装置。在交通运输中，采用内燃机和电机混合推动的火车和汽车，飞轮电池充电快，放电完全，非常适合应用于混合能量推动的车辆中。车辆在正常行驶和刹车制动时，给飞轮电池充电，飞轮电池则在加速或爬坡时，给车辆提供动力，保证车辆运行在一种平稳、最优的状态下的转速，可减少燃料消耗、空气和噪声污染及发动机的维护，延长发动机的寿命。美国 TEXAS 大学已研制出一汽车用飞轮电池，当车辆需要时，该电池可提供 150 千瓦的能量，能加速满载车辆到 100 千米/时。在火车方面，德国西门子公司已研制出长 1.5 米、宽 0.75 米的飞轮电池，可提供 3 兆瓦的功率，同时，可储存 30% 的刹车能。

　　甚至在太空领域，飞轮电池也能施展其极强的魅力。人造卫星、飞船和空间站都需要电能，飞轮电池一次充电可以提供同重量化学电池两倍的功率，同负载的使用时间为化学电池的 3～10 倍。同时，因为它的转速是可测可控的，故可以随时查看电能的多少。美国太空总署已在空间站安装了 48 个飞轮电池，联合在一起可提供超过 150 千瓦的电能。据估计，相比化学电池，可节约 200 万美元左右。

第四章 "性格各异"的动力蓄电池

电动汽车 EV 将成为 21 世纪的主要运载工具，它是现代汽车工业技术发展的必然趋势，世界各国各大汽车公司、研究机构和科研高校都在研究、开发和制造各种不同的高性能动力蓄电池供 EV 使用，同时也为国防、电力、航空、航天、火箭和宇宙探测等多个高科技领域提供更为先进和更加可靠的能源。

新能源汽车，尤其是插电式混合动力车和电动汽车中，动力蓄电池系统是最为重要的部件，是新能源汽车实现低碳应用的核心环节。蓄电池的基本性能如能量密度、功率密度、内阻和循环寿命等决定了新能源汽车的性能，而蓄电池的成本高低也决定了新能源汽车的整体价格和市场竞争力。蓄电池的设计和研究，是新能源汽车研发中的关键环节。如果能够使用既安全可靠，又经济耐用的动力蓄电池代替内燃机，那么插电式混合动力车和电动汽车定将在全球普及，石油的消耗量将大大下降，实现节能减排，改善地球环境。

第一节　认识动力蓄电池

汽车工业的迅速发展，推动了全球机械、能源等工业的进步以及经济、交通等方面的发展，同时也极大地方便了人们的生活。但是，传统的内燃机汽车所固有的消耗能源、污染环境的缺陷也一直影响和困扰着人们的生活及社会的发展，随着社会的进步和科技的发展，随着保护环境、节约资源的呼声日益高涨，新一代电动汽车作为无污染、能源可多样化配置的新型交通工具，近年来引起了人们的普遍关注并得到了极大的发展。中国把 2008 年北京奥运会办成一届绿色奥运会，其中的一项关键工作就是用环保型的电动汽车来替代内燃机汽车。

电动汽车以电力驱动，行驶无排放（或低排放），噪音低，能量转化效率比内燃机汽车高，同时电动汽车还具有结构简单、运行费用低等优点，安全性也优于内燃机汽车。但目前电动汽车还存在价格较高、续驶里程较短及动力性能较差等问题，而这些问题都是和电源技术密切相关的，电动汽车实用化的难点仍然在于电源技术，特别是电池（化学电源）技术。目前制约电动汽车发展的关键因素是动力蓄电池不理想，而开发电动汽车的竞争，最重要的就在于开发车载动力电池的竞争。

1859 年，法国人普兰特（G・Plante）发明了现在铅蓄电池的原型，这种实用的铅蓄电池，是由腐蚀铅箔而形成活性物质。1881 年，福尔（Faure）采用了糊状氧化铅，即用氢化铅和硫酸形成糊膏状涂在铅箔上作为正极，以增加蓄电池的容量，缩短制造周期。1882 年，格拉斯顿（Glanstone）和特拉普（Tribe）提出双硫酸反应理论，说明蓄电池中的化学反应过程。1883 年，图德（Tudor）把普兰特和福尔的方法结合起来，将氧化铅与硫酸的混合物涂在经普兰特法预处理的板栅上，制造出了性能更好的铅酸蓄电池。

经过不断研究和改进，1937 年又研制出管形正极板，将活性物质装入玻璃纤维或化学合成纤维的套管中，大大延长了铅蓄电池的使用寿命。在此之后的 30 年时间内，经过多次改进，研究开发了切拉金属板栅技术，玻璃纤维隔板，单格电池之间穿壁连接技术，热封塑料外壳及盖。一直发展到现今阶段的完全免维护启动用铅蓄电池，在蓄电池整个使用寿命期间，完全取消了加水过程。

电动汽车使用的动力蓄电池与一般启动蓄电池不同，它是以较长时间的中等电流持续放电为主，间或以大电流放电（启动、加速时），并以深循环使用为主。

电动汽车对电池的基本要求可以归纳为以下几点：

（1）高能量密度；

（2）高功率密度；

（3）较长的循环寿命；

（4）较好的充放电性能；

（5）电池一致性好；

（6）价格较低；

（7）使用维护方便等。

一、动力铅酸电池

铅酸电池已有 100 多年的历史，广泛用作内燃机汽车的启动动力源，也是成熟的电动汽车蓄电池。铅酸电池正负电极分别为二氧化铅和铅，电解液为硫酸。铅酸电池又可以分为两类，即注水式铅酸电池和阀控式铅酸电池。前者价廉，但需要经常维护，补充电解液；后者通过安全控制阀自动调节充电或工作异常时密封电池体内产生的多余气体，免维护，更符合电动汽车的要求。总体上来说，铅酸电池具有可靠性好、原材料易得及价格便宜等优点，比功率基本上也能满足电动汽车的动力性要求，但它有两大缺点：一是比能量低，所占的质量和体积太大，且一次充电行驶里程较短；二是使用寿命短，使用成本过高。由于铅酸电池的技术比较成熟，经过进一步改进后的铅酸电池仍将是近期电动汽车的主要电源，正在开发的电动汽车所使用的先进铅酸电池主要有以下几种：水平铅酸电池、双极密封铅酸电池和卷式电极铅酸电池等。

二、动力碱性蓄电池

目前，电动汽车使用的镍金属电池主要有镉镍电池和氢镍电池两种。镉镍电池与铅酸电池相比，其比能量能够达到 55 瓦时/千克，比功率 200 瓦/千克，循环寿命 2 000 次，而且可以快速充电，虽说价格为铅酸蓄电池的 4~5 倍，但由于其在比能量和使用寿命方面的优势，因此其长期的实际使用成本并不高。由于镉镍电池中含有重金属镉，如在使用中不注意回收的话，就会造成环境污染，目前许多发达国家都已限制发展和使用镉镍电池。氢镍电池则是一种绿色镍金属电池，它的正负极分别为镍氢氧化物和储氢合金材料，不存在重金属污染问题，且在工作过程中不会出现电解液增减现象，电池可以实现密封设计。镍氢电池在比能量、比功率及循环寿命等方面都比镉镍电池有所提高，使用氢镍电池的电动汽车一次充电后的续驶里程曾经达到过 600 千米，目前在欧美已实现了批量生产和使用。氢镍电池就其工作原理和特点是适合电动汽车使用的，它已被列为近期和中期电动汽车首选动力电池，但其存在价格昂贵、均匀性较差（特别是在高速率、深放电下电池之间的容量和电压差较大）、自放电率较高、性能水平和现实要求有一定差距等不足，这些问题影响着氢镍电池在电动汽车中的广泛使用。

三、动力锂离子蓄电池

锂离子蓄电池是 90 年代发展起来的高容量可充电电池，能够比氢镍电池存储更多的能量，比能量大，循环寿命长，自放电率小，无记忆效应和环境污染，是当今各国能量存储技术研究的热点，主要集中在大容量、长寿命和安全性 3 个方面的研究。锂离子蓄电池中，锂离子在正负极材料晶格中可以自由扩散，当电池充电时，锂离子从正极中脱出，嵌入到负极中，反之为放电状态，即在电池充放电循环过程中，借助于电解液，锂离子在电池的两极间往复运动以传递电能。锂离子蓄电池的电极为锂金属氧化物和储锂碳材料，根据电解质的不同，锂离子蓄电池一般可分为锂离子电池和锂聚合物电池两种。

四、高温钠电池

高温钠电池主要包括钠氯化镍电池（NaNiCl$_2$）和钠硫蓄电池两种。钠氯化镍电池是 1978 年发明的，其正极是固态 NiCl$_2$，负极为液态 Na，电解质为固态 β – Al$_2$O$_2$ 陶瓷，充放电时钠离子通过陶瓷电解质在正负电极之间漂移。钠氯化镍电池是一种新型高能电池，具有比能量高（超过 100 瓦时/千克）、无自放电效应、耐过充过放电、可快速充电及安全可靠等优点，但是其工作温度高（250℃ ~ 350℃），而且内阻与工作温度、电流和充电状态有关，因此需要有加热和冷却管理系统。而钠硫蓄电池也是近期普遍认同的电动汽车蓄电池，已被美国先进电池联合体（USABC）列为中期发展的电动汽车蓄电池，钠硫蓄电池具有高的比能量，但其峰值功率较低，而且这种电池的工作温度近似 300℃，熔融的钠和硫具有潜在的毒性，腐蚀也限制了电池的可靠性和寿命。

第二节　免维护的动力铅酸电池

铅酸动力电池的应用历史最长，技术最成熟，是目前大量生产供应的动力电池，其最大的优点是生产成本低，缺点是比能量低。一辆电动汽车一次充电的行驶里程也就 100 千米左右。一项有关美国私人汽车日行程的调查表明，每天汽车行程在 160 千米以下的约占 90%，行程在 240 千米以上甚至更高的占 10%。据此有人提出提高铅酸动力电池的比能量，使一次充电的汽车能够达到 160 千米以上。同时，研究铅酸动力电池快速充电的技术，就可以满足大多数城市中心区短途行驶及交通用电动汽车的要求。为此，1992 年由国际铅锌组织联合世界铅蓄电池制造厂商成立的"先进铅酸电池联合体"制定了先进蓄电池的研制目标：比能量要求 50 瓦时/千克（一次充电行驶 160 千米）；比功率达 150 瓦时/千克；循环寿命≥500 次；快充性：50% 为 5 分，80% 为 15 分。5 项指标中，价格及比功率都具备，因而改进的主攻方向是比能量、循环寿命及快速充电 3 项指标。

1998 年先进铅蓄电池联合体公布的报告表明，通过研究改进，阀控式铅酸蓄电池的比能量有望提高到改进前的 2 倍，循环使用寿命有可能提高到原有的 10 倍，而充电时间缩短一个数量级。目前，先进铅蓄电池联合体正在大力支持各方面的研究改进工作。我国在"八五"期间，国家科委和国家计委就把电动车用铅酸动力电池的研究和开发列为重点项目予以支持。我国电动车用密封铅酸动力电池研究发展目标分为两个阶段：第一阶段的标称电压要求达 12 伏，标称容量 150 安时，水损失≤5 克/安时，高倍率放电能力≥2 次，循环使用寿命≥750 次（75% DOD），比能量 30～40 瓦时/千克，第一阶段要求电池总体性能得到提高；第二阶段要求改进电池的循环使用寿命（在 80% DOD 情况下）达到 600～800 次，并要求比能量适当提高至 40～50 瓦时/千克左右。

为了改进铅酸动力电池的性能，人们广泛采用免维护电池技术。免维护电池使用方便，并开发出胶体电池，也是铅酸电池范畴的二次电池，它依然采用密度为 1.28 克/立方厘米的硫酸水溶液，其中添加了 Na_2OSiS_2 电解液，使之呈胶体状乳白色的凝胶，构成胶体电解质。胶体的状况随着温度和电场的作用而变化。当电池放电时，胶体的凝聚性会更明显；当温度降低时，胶体内部溶液扩散迁移及传导性变差，内电阻增加。当温度升高到30℃以上，外施单格电压超过2.6伏，要产生充电气泡，充电时间过长，温度过高，特别是单格电压超过2.7伏，胶体常常会发生水解，放出大量的 H_2 和 O_2，并伴有硫酸和水外溢，胶体变成液态。如果及时停止充电，降低温度，去掉外电压，胶体还可重新恢复。胶体电池的性能、价格与铅酸电池差不多，只是由于胶体电解质具有不易渗漏性，能保证电源使用的可靠性，即使电池壳体产生了裂纹也可继续使用。由于电解质中有 H_2 和 O_2 存在，在极板硫化过程中会产生硫酸铅、硫酸钠结晶，从而防止了极板生成粗大的硫酸铅结晶体，使极板不易硫化，容易再次充电活化，不易丧失极板的多孔性，还能防止正极板上生出尖锐的硫酸铅突起，避免隔板被刺穿形成极板间的短路，从而使胶体铅电池的寿命比以前提高了4倍以上，并且在温度为 – 30℃ ~ 50℃ 条件下仍能很好的工作，而且性能相当稳定。目前铅酸动力电池已经广泛使用在电动自行车上，胶体免维护铅酸动力电池对我国电动自行车行业的迅速发展起到关键的作用，其功不可没。然而，铅酸动力电池在电动汽车上试用仍然不够理想，试车结果很难达到预期目标。面包车采用20只12伏/150安时电池组，最高时速可达80公里，一次充电行驶120千米以上；小轿车采用10只12伏/150安时电池组，车速与一次充电行驶里程和面包车相同。作为车用的动力电池，动力铅酸电池终将退出历史舞台。风帆股份是国内最大的铅酸电池生产企业。

一、动力铅酸电池

铅酸电池作为车载动力，占有主要的市场。2000 年全球铅酸动力电池的年销售额约 5 亿美元，2009 年达到 10 亿美元。中国的电动自行车电池几乎全部采用铅酸电池，极少数采用 Ni–MH 电池和 Li–ion 电池，Ni–MH 电池的价格是铅酸电池的 3 倍，国内电动自行车较少采用 Li–ion 电池，只有少量的出口轻型电动自行车配套用 Li–ion 电池。

VRLA 电池作为 HEV 的动力，目前仅限于轻度混合的 HEV，电池电压为 36 伏，正式运行的中等混合和全混合的 HEV 只有 Ni–MH 电池，中等混合和全混合的 HEV，其电池使用特征是部分荷电下的循环使用（Part State of Charge）即 PSoC。VRLA 电池在 PSoC 状态下的主要失效模式为负极严重的硫酸盐化，负极表面形成坚硬粗大的 $PbSO_4$ 结晶，使 H_2SO_4 向负极内部扩散受阻，电池放不出电。ALABC 组织澳大利亚 CSIRO、美国 Hawker 公司对 VRLA 动力电池进行了多年的攻关，提出了解决方案，并在丰田 Prius、本田 Insight 等 HEV 上做了两年多的道路运行试验，证明性能良好，成功地用卷绕式 VRLA 电池代替了 Ni–MH 电池，ALABC 的解决方案包括三方面的内容：

1. 采用新型 VRLA 电池结构

目前成功的 VRLA 动力电池结构是双极耳卷绕式电池，这种电池能量密度高于平板式电池，高低温性能好，适宜大电流放电。傲铁马（OPTIMA）与沃尔沃（VOLVO）汽车制造商合作，开发了一种全新结构的铅酸蓄电池，称为 Effpower 双极式陶瓷隔膜密封铅酸蓄电池，已安装在本田的 Insight HEV 作为动力电池，其优点是输出功率高，循环寿命长。

2. 负极导电添加剂

负极添加导电碳黑和石墨可以有效解决 PSoC 状态下的负极硫酸盐化，例如，负极中添加 0.6% Vanisperse – A 木素磺酸钠、2.0% 炭黑和 2.0% 石墨，电池经过 71 880 次模拟 HEV 运行的循环寿命试验，电池容量没有下降。

3. 低频脉冲充电

采用低频脉冲充电方式可以解决 PSoC 状态下因充电不足造成负极硫酸盐化的问题。

二、阀控铅酸动力电池

铅酸电池已经成功地实现商业化近一个世纪，就全球而言，目前它的销量占到全部蓄电池销量的 50% ~60%。铅酸电池获得成功的原因在于其制造技术成熟、价格低廉（在二次电池中是最低的）、电池的电压高（在所有水溶性电解液电池中最高）、高低温性能好、高效率（75% ~80%）、长浮充寿命以及无记忆效应等。正是由于这些优点，铅酸电池不失为电动汽车驱动的优先选用能源系统之一。然而，铅酸电池的缺点是其比能量相当低，典型的为 35 瓦时/千克；自放电率高，通常温度为 25℃时每天达到 1% ~2%；循环寿命低，通常充电次数只有 500 次。为了适合电动车的应用，特别设计了一种能做到免维护和全封闭的，并且可以提高电池的比能量和比功率的阀控铅酸电池。在这类电池中，最引人瞩目的是美国电源公司开发的 HORIZON 新型电池，它的核心技术是以高强度轻型玻璃纤维为基体，挤压成柔软的铅丝，再将铅丝织成轻型的网络，铺在特殊的电化学物质上，构成所谓的双格网板，最后将这些双格网板水平放置，以保证极板上的活性物质最大限度地参与电化学反应。这些独特的技术使得该电池的性能大大提高：放电率时的比能量达到 43 瓦时/千克，比功率达到 285 瓦/千克，循环寿命达到1 000次，具有快速充电能力（8 分钟充电到50%，不到30 分种即可充满）、价格较低（2 000～3 000 美元可装备一辆电动车）、可靠性高、免维护以及无环境污染等优点。这些独特的性能使得 HORIZON 铅酸电池特别适合于电动汽车的应用，是一种很有前途的铅酸电池。

三、升级版铅酸电池

除铅酸电池本身的性能得到改进外，铅酸电池的应用结构也发生着变化。哈尔滨工业大学应用化学系主任胡信国提出了"超级电池"的概念。据他介绍，超级电池是把铅酸电池和超级电容器混合在一起，同时具备铅酸电池和超级电容器的功能。超级电池把铅酸电池负极板的一半做成超级电容器的"碳电极"，另一半做成铅酸电池的"铅负极"，在电池内部将二者并联起来。汽车启动时所需的大功率用电由碳电极提供，匀速行驶时所需能量由铅酸电池的铅负极提供。车辆需要大电流时，超级电容器起主要作用。二者功能实现互补，比普通铅酸电池更具优越性。

据介绍，这种超级电池的体积比超级电容器小，价格比普通铅酸电池稍高一点，但比镍氢电池和锂电池便宜，其价格只有镍氢电池的1/4。这种超级电池是由制造技术成熟的铅酸电池升级换代而来，因此在成本上不需要更多投入，同时安全性也有保障。超级电容器可保证很大的功率，能满足强混合动力车的要求。

四、铅酸电池未来的市场

不论采用何种技术，最终决定铅酸电池能否生存的都是市场。目前乃至于未来10~20年内，铅酸电池将会在动力电池系统中占据重要地位。如果超级电池取得成功，铅酸电池加上超级电容器或其他系统配置，能够基本达到新能源汽车的使用要求，实实在在做出来的产品，肯定比试验室里的东西更有说服力。中国汽车工程学会副秘书长张进华认为，尽管新能源汽车发展热潮并没有对提高铅酸电池性能有过多预期，但我国汽车市场很大，铅酸电池还有发挥作用的空间，所以不能轻易淘汰，应该允许在一些车型上使用。同济大学研究生院副院长、汽车学院车用动力学教授李理光认为，现在高性能铅酸电池技术趋于成熟，已经实现产业化，一些混合动力车型的启停系统都采用了高性能铅酸电池，值得进一步推广。中国电池工业协会常务副理事长兼秘书长王敬忠认为，动力电池市场很大，超级电池比锂离子电池便宜，有很大的成本优势。他说，"即使没有财政补贴，市场也会支持它。为消费者提供更多可选择的产品，是生产企业应尽的责任。从这个角度看，社会各界应该给予铅酸电池一定支持。"他同时强调，随着技术创新，铅酸电池的性能已经有了很大提升，成本优势依然非常明显。所以，今后铅酸电池在电动汽车上可能会大有作为。

第三节　前景无限的动力碱性蓄电池

碱性蓄电池是以氢氧化钾等碱性水溶液作为电解液的二次电池的总称，包括镉－镍（Cd－Ni）电池、氢－镍（MH－Ni）电池和锌－镍（Zn－Ni）电池等，由于它们都含有金属镍，故又称镍金属电池。相对于铅酸蓄电池，碱性蓄电池具有比能量高、耐充电性好和密封性好等优点，缺点是价格较高。

最早的碱性蓄电池是瑞典的 W. Jungner 于 1899 年发明的 Cd－Ni 蓄电池和爱迪生于 1901 年发明的铁－镍（Fe－Ni）蓄电池。Fe－Ni 蓄电池曾作为碱性蓄电池的代表产品，生产了很长时间。随着具有高的倍率性能、低温特性和较长循环寿命的密闭式 Cd－Ni 电池的研制成功，Fe－Ni 蓄电池逐渐被替代。

随着空间技术的发展，人们对电源的要求越来越高。70 年代中期，美国研制成功了功率大、重量轻、寿命长及成本低的镍氢电池，并且于 1978 年成功地将这种电池应用在导航卫星上，镍氢电池与同体积镍镉电池相比，容量可提高一倍，而且没有重金属镉带来的污染问题，其工作电压与镍镉电池完全相同，工作寿命也大体相当，但它具有良好的过充电和过放电性能。近年来，镍氢电池受到世界各国的重视，各种新技术层出不穷。镍氢电池刚问世时，要使用高压容器储存氢气，后来人们采用金属氢化物来储存氢气，从而制成了低压甚至常压镍氢电池。1992 年，日本三洋公司每月可生产 200 万只镍氢电池。目前国内已有 20 多个单位研制生产镍氢电池，国产镍氢电池的综合性能已经达到国际先进水平。

一、会记忆的动力 Cd – Ni 蓄电池

20 世纪 80 年代，动力 Cd – Ni 蓄电池用于电动车，其额定电压为 1.2 伏，质量比能量为 56 瓦时/千克，体积比能量 110 瓦时/升，质量比功率 225W/千克。电动车用 Cd – Ni 电池的主要生产厂家有 SAFT 和 VARTA 公司，目前美国克莱斯勒（Chrysler TE Van）、法国雪铁龙（Citroen AX）和日本马自达（Mazda）等公司生产的电动车都使用 Cd – Ni 电池。

Cd – Ni 电池是一种常见的碱性蓄电池，因电池的正、负极活性物质含有镉和镍而得名。在密闭型 Cd – Ni 电池中，化学反应产生的各种气体不用排出，可以在电池的内部化合。与铅酸电池相比，Cd – Ni 电池的寿命长、抗电冲击能力强、低温性能好、耐过充放电能力强、结构紧凑且维护简单，密闭式电池可以任何放置方式加以使用，无需维护，可大量应用于小型电子设备、大型逆变器和电动工具领域，曾一度占领整个小型二次电池市场。

Cd – Ni 电池放电电压平稳度好，容量受放电倍率影响小，能耐受大电流放电，适应苛刻环境，适应温度范围宽（ –40℃ ~ 50℃），维护简单，保存方便，安全可靠，可充放电循环500 ~

1 000次，能做出容量和形状不同的产品。诸多优良的性能使其具备很好的发展前景。但是，镍镉电池因具有强烈的记忆效应很容易因充放电不良，而造成可用容量降低。

记忆效应是指电池使用过程中还没有被完全放电就进行再充电，这时电池就会记住该次使用后的最终电压，当充电后再次使用时，一旦电池的电压降到其记忆的电压值，电池的容量就会迅速下降。随着循环次数增加或温度升高，电池的记忆效应会更加明显。此效应一般只会发生在镍镉电池，镍氢电池较少，锂电池则无此现象。

在实际应用中，消除记忆效应的方法有严格的规范和操作流程，操作不当会适得其反。正常的维护是定期深放电：平均每使用一个月（或30次循环）进行一次深放电（放电到1.0伏/每节），平常使用时尽量用光电池或用到关机，这样可以缓解记忆效应的形成，但这个不是深放电，因为电子产品（如手机）是不会用到1.0伏/节才关机的，必须使用专门的设备或线路来完成这项工作，许多镍氢电池的充电器都带有这项功能。对于长期没有进行深放电的镍镉电池，由于记忆效应的累积，无法用深放电进行容量恢复，这时则需要更深的放电（recondition），这是一种用很小的电流长时间对电池放电到0.4伏/节的一个过程，需要专业的设备完成。

二、环保的动力 MH – Ni 蓄电池

自20世纪以来，随着环保呼声的日益高涨，重金属镉（Cd）的污染越来越受到重视，金属氢化物/镍电池（MH – Ni

电池）成为研究的热点。MH－Ni 电池的发展依赖于储氢合金的研制。1958 年，美国国立研究所 Reilly 在研究氢脆时发现，有一些金属具有吸氢和放氢性能，即发现了储氢合金。1959 年，荷兰飞利浦公司的研究人员发现稀土合金具有与储氢合金完全相同的性质。1984 年，飞利浦公司成功研制出 $LaNi_5$ 储氢合金，能够利用电化学方法可逆地吸放氢，有关 MH－Ni 电池的各项研究也随之获得开展并取得了很大成就。1988 年，美国 Ovonic 公司率先开发出圆柱形和方形 MH－Ni 电池，从此，MH－Ni 电池的研究逐步进入实用化、产业化阶段，日本是当年 MH－Ni 电池产业发展最快的国家。近年来，储氢合金研制进度的加快，有利于推动 MH－Ni 电池的发展，进而加快 MH－Ni 电池向电动汽车用动力电池的步伐。中国作为稀土大国，研究和生产 MH－Ni 电池具有资源优势，目前已成为 MH－Ni 电池产销量第一大国。

MH－Ni 电池是在 Cd－Ni 电池基础上发展起来的新一代高能密封碱性蓄电池，在结构设计、生产工艺及电性能方面都继承了 Cd－Ni 电池的特点，与传统的 Cd－Ni 电池相比，具有较高的容量、无镉公害、无记忆效应及耐过充放电性能好等特点，是最有希望应用于电动汽车动力的绿色电池。从 20 世纪 90 年代至今，MH－Ni 电池一直是二次电池市场的主流产品，备受消费者的青睐。

美国是最早研制氢镍蓄电池的国家，1977 年 6 月，美国发射的 NTS－2 导航技术卫星上，采用了氢镍电池组作贮能电源，成功地运行了 10 年。美国有 2 个氢镍电池研究机构：一个是通讯卫星实验室，研制 30 安时氢镍电池，应用于高轨道卫星；一个是空军学院实验室，研制 50 安时氢镍电池，应用于低轨道卫星。近年来，包括我国在内的许多国家开展了氢镍蓄电池地面应用的研究工作，特别是用作电动汽车的蓄电池。

目前动力型的 MH－Ni 电池正在取代 Cd－Ni 电池，成功地用于电动工具、电动自行车和电动车，商品化程度最好的日本丰田公司的 HEV 使用的就是动力 MH－Ni 电池。日本松下电池公司生产的氢镍电池也已用于电动汽车，每充电一次，汽车可以行驶 200 千米。

三、碱性蓄电池家族的世纪"老人"——动力 Zn－Ni 蓄电池

在碱性可充电池系列中，Zn－Ni 电池的成本低；质量比能量高，达 50～80 瓦时/千克；质量比功率较大，可超过 200 瓦/千克；工作温度范围广，可在 $-20℃～60℃$ 条件下工作；原材料来源广泛，成本低廉；可使电动车续航里程达 200 千米，大规模使用时成本会进一步降低。Zn－Ni 电池的经济实用可满足

镍—锌电池

大部分电动车的需求，其主要缺点是充放电循环寿命较短，制成密封电池有一定的困难。

Zn–Ni电池具有大电流放电特性，质量仅为同容量铅酸电池的2/3，同时具有无污染等特点，是电动车的可选理想动力电源。

有关Zn–Ni电池体系的研究已有上百年的历史，1887年，Dun和Haslacher曾申请过德国专利。20世纪20～40年代，Drumm对Zn–Ni电池做了进一步研究，曾试图用于列车照明和驱动等方面，但最终因充放电寿命短而未能得到推广应用。50年代，前苏联科学家进行了大量工作。60年代后期，美国取得较大进展，特别是1937年之后，能源危机促使美国发展电动车，加大研制Zn–Ni电池的投资力度。80年代初，美国电化学公司改进Zn电极，使Zn–Ni电池循环次数达600～1 000次。从90年代起至今，Zn–Ni电池得到了进一步发展。

近年来，美国通用汽车公司和能量研究公司，日本的三洋公司、汤浅公司、松下公司和蓄电池公司，韩国的三星高等理工研究院等都在研究开发密封Zn–Ni电池，并取得了一定的进展，最为突出的是韩国三星技术开发研究所取得的成果，其研发的Zn–Ni电池用于电动牵引，组合电池用于小型摩托车和电动车，充一次电可行驶200千米。安时中国除厦门三圈益尔希公司使用美国能源公司（ERC）技术生产Zn–Ni电池外，江苏海四达化学电源公司正在开发5安时、10安时方形和圆筒形Zn–Ni电池，并取得一定进展。天津大学、武汉大学、浙江大学和天津18所等对Zn–Ni电池的研究均有报道。

第四节 "爱恨交错"的动力锂离子蓄电池

电动汽车电池的研发工作经历了从铅酸电池、镍氢电池到锂电池的发展过程，每一种电池各有利弊。铅酸电池的安全性能最好，但储能效果不太理想；镍氢电池存储电能和功率的效果都比铅酸电池理想，但是由于镍氢电池在充电过程中产生的氢气容易造成危险；锂电池存储的电能是铅酸电池的 2 ~ 3 倍，但是由于它含有的锂离子活跃在金属层表面，也存在一定的危险，需要防范和排除。在锂电池的研发、使用和测试中，安全性和稳定性都是重要的内容。

目前，电动车 EV 和混合电动车 HEV 使用的主要是 MH – Ni 电池和锂离子电池，锂离子动力电池质量比能量可达 120 ~ 150 瓦时/千克，不仅高于 MH – Ni 电池，而且短时间（10 秒内）的质量比功率可达 1000 瓦/千克以上，明显优于 MH – Ni 电池。因此，动力锂离子电池成为动力电池领域研究的又一个热点。

一、动力锂离子蓄电池的特点

动力锂离子蓄电池的主要优点如下：

（1）电压高。单节锂离子电池的电压为 3.6 伏，而 MH – Ni 电池为 1.2 伏，因而具有较高的质量比能量。锂离子电池实际质量比能量已经达到 140 瓦时/千克，体积比能量约为 300 瓦时/升，而常用的 Cd – Ni 电池的质量比能量和体积比能量分别为 40 瓦时/千克和 125 瓦时/升，MH – Ni 电池的质量比能量和体积比能量分别为 60 瓦时/千克和 165 瓦时/升。

（2）储存和循环寿命长。在优良的环境下，可以储存 5 年以上。此外，动力锂离子电池负极采用的多是石墨，在充放电过程中，Li^+ 不断地在正、负极中脱嵌，避免了 Li 负极内部产生枝晶而引起的损坏。循环寿命可以达到 1 000 ~ 2 000 次。

（3）荷电保持能力强。当环境温度为（20 ± 5）℃时，在开路状态下储存 30 天后，电池常温放电容量为额定容量的 85%。

（4）工作温度范围广。锂离子电池通常可在 - 20℃ ~ 60℃ 的范围内正常工作，但温度变化对其放电容量影响很大。

（5）无记忆效应。可反复充、放电使用。对于 EV 和 HEV 动力源的工作状态来说，无记忆效应是至关重要的。

（6）无环境污染。在锂离子电池中不含镉、铅和汞等有害重金属，对环境无污染，是理想的环保型节能减排的新动力电池。

动力锂离子蓄电池的主要缺点如下：

（1）锂离子电池的内阻大。由于锂离子电池的电解液为有机溶剂，其电导率远低于 MH - Ni 和 Cd - Ni 电池的水性电解液。

（2）充放电电压范围宽。须特殊的保护电路，防止过充电和过放电。

（3）与普通电池的相容性差。主要是由于电压相差大的缘故。

二、"脾气暴躁"的动力锂离子蓄电池

锂离子电池使用的锂材料化学性质非常活泼，很容易燃烧，当电池充放电时，电池内部持续升温，活化过程中所产生的气

锂离子电池安全问题令人关注

体膨胀，使得电池内压加大，当压力达到一定程度时，电池外壳便会产生破裂，引起漏液、起火，甚至爆炸。

自日本索尼（Sony）能源公司于20世纪90年代将锂离子电池商品化以来，锂离子电池以其高比能量和高电压等优点，已成为移动通讯、笔记本电脑等便携式电子产品的主要电源之一。由于它们使用的锂离子电池容量小（1~2安时以下），而且大部分是单体电池使用，其电池的安全性问题不太突出。即使这样，近年来，因为安全性问题，索尼公司从全球召回约百万只笔记本电脑用电池。手机电池爆炸起火事件也偶有发生。将单体电池容量为10安时甚至100安时的大容量锂离子电池用于电动自行车、纯电动汽车、混合电动车和电动工具作为动力电源，安全问题更是引起全球的关注。安全性是动力锂离子电池的基本要求，按照其在动力输出时的性能差异，可以简单划分为能量型和功率型动力电池。能量型动力电池通常具有比较大的容量，能够为用电设备提供比较持久的能源供给，常用于纯电动车、混合动力电动车，此种电池的总能量在整车的能源配置中占据较大的比例，常常超过 10 千瓦。这样不仅可以部分吸收车辆制动回馈的能量，而且可以提高车辆纯电动模式运行时的续驶里程，降低污染物的总排放量。功率型动力电池的容量通常比较小，可以为用电设备提供瞬间大电流供电，主要用于电动工具和混合电动车中吸收制动回馈的能量，同时为车辆启动、加速过程提供瞬间的额外能量。

动力型锂离子电池的总能量直接影响其安全性，因为随着电池容量的增加，电池体积也在增加，其散热性变差，发生事故的可能性将大幅度增加。对于手机用锂离子电池，其基本要求是发生安全事故的概率要小于 $1/10^6$，这也是社会公众所能接受的最低标准。而大容量锂离子电池，特别是汽车等大容量动力锂离子电池，其安全问题尤为突出。锂离子电池的安全性一般可划分为两类：滥用安全性和现场安全性。滥用安全性大多是由机械挤压、过充电和高温使用等引起的，这类安全性事故是可以预见并加以预防的，它发生的过程一般较长，可以通过采取保护措施进行改善；现场安全性多是由电池制造瑕疵、短路及热失控等造成的，是随机发生的，具有不可预测性。目前所有的安全性措施均不能完全消除锂离子电池的安全隐患。为了适应锂离子电池发展的安全性需求，各国都制定了锂离子蓄电池的安全性检测项目，包括电气短路和过充电测试，机械挤压和碰撞测试，环境加热和热循环测试等。我国国家发展与改革委员会也发布了《电动汽车用锂离子蓄电池》标准 QC/T 743 – 2006。

随着锂离子电池的发展，其安全性有了极大的提高。目前 10 ~ 100 安时的动力锂离子电池、电池组都已通过行业安全测试标准。影响锂离子电池安全性的主要因素有电池的电极材料、电解液以及制造工艺和使用条件等。随着材料科学和制造工艺的进步，通过采用具有高热稳定性的电极材料，选择含有内阻燃剂或过充电保护剂的电解液，设计良好的散热结构和电池保护电路和管理系统等措施都有利于提高锂离子电池的安全性，所以大容量动力锂离子电池的安全性问题有望得到解决。

三、动力锂离子电池的家族成员

动力锂离子电池性能优势明显，但是因为所用电极材料体系不同，致使其性能又有着千差万别。目前，在锂离子电池中使用较多的电极材料有以下几种：层状钴酸锂，尖晶石型锰酸锂和磷酸铁锂等。对于动力电池电极材料，其安全性尤为重要，电极材料的发展主要集中体现在寻求高能量密度、高功率密度、环境友好和价格便宜的材料。

钴酸锂电池是指正极使用钴酸锂的锂离子电池，它是目前用量最大且最普遍的锂离子电池。钴酸锂电池结构稳定、比容量高、综合性能突出，但是其安全性差、成本非常高，主要用于中小型号电芯，标称电压为 3.7 伏。

锰酸锂电池是指正极使用锰酸锂材料的电池，其标称电压达到3.8伏，以成本低、安全性好被广泛使用。虽然锰酸锂是一种成本低、安全性好的正极材料，但是其材料本身并不太稳定，容易分解产生气体，因此多是和其他材料混合使用，以降低电芯成本，但其循环寿命衰减较快，容易发生鼓胀，寿命相对短，主要用于大中型号电芯和动力电池，其标称电压为3.8伏。

锰酸锂电池通过掺杂改性后，与现有的商品化钴酸锂电池相比，具有能量密度高、大电流充放、电性能优越、安全性高、成本低廉等优势。锰酸锂材料中仅含有16%的镍，其余为资源丰富的锰，无论从资源角度还是性能上，锰酸锂均极具开发价值。能够在高电势下稳定工作的电解质的开发，以及锰酸锂材料合成工艺和掺杂改性相关技术的进一步改进，都为锰酸锂电池的规模化生产奠定了坚实的基础，也必将大大提高锂离子电池的循环性能、能量密度以及功率密度。高电压（5伏）锂离子电池终将成功地应用于新动力领域。

磷酸铁锂电池是指用磷酸铁锂作为正极材料的锂离子电池，它具有循环寿命长、结构稳定、安全性能好、成本低廉等诸多优势。并且磷酸铁锂材料无任何有毒有害物质，不会对环境构成任何污染，被世界公认为绿色环保电池材料。锂离子动力电池的性能主要取决于正负极材料，磷酸铁锂作为锂电池材料是近几年才出现的，国内开发出大容量磷酸铁锂电池是在2005年7月。磷酸铁锂的安全性能与循环寿命是其他材料所无法相比的，这些也正是动力电池最重要的技术指标。单节电池过充电压30伏不燃烧，穿刺不爆炸。以磷酸铁锂为正极材料做出的大容量锂离子电池更易串联使用，可以满足电动车频繁充放电的需要，材料具有无毒、无污染、安全性能好、原材料来源广泛、价格便宜，寿命长等优点，是新一代锂离子电池的理想正极材料。长寿命铅酸电池的循环寿命在300次左右，最高也只有500次，而磷酸铁锂动力电池的循环寿命达到2 000次以上，标准充电使用时均可达到2 000次。同质量的铅酸电池可以说是"新半年、旧半年、维护维护又半年"，因此其寿命最多也就1~1.5年时间，而磷酸铁锂电池在同样条件下使用，其寿命可达到7~8年，其性能价格比是铅酸电池的4倍以上。国内外电池技术研究专家普遍认为，磷酸铁锂电池作为动力型电源，将是铅酸、镍氢及锰、钴等系列电池最有前景的替代品。

第五章　燃料电池：人类的
第四次科技革命

宝马中国汽贸公司总裁史凯预计 2020 年全球石油用量将到达最高峰，汽车产业迎来两个替代：一是替代能源，一是替代动力。目前替代能源的发展方向是合成燃料，生物柴油，甲醇、乙醇、天然气和氢能；替代动力为电动电池、混合动力和燃料电池。

燃料电池（Fuel Cell）是一种能将存在于燃料与氧化剂中的化学能直接转化为电能的发电装置。燃料电池工作时需要连续地向其提供能起反应的物质——燃料和氧化剂，这是燃料电池和其他普通化学电池的不同之处。在其工作时，燃料和空气分别被送进燃料电池，电就被奇妙地生产出来。从外表上看，燃料电池有正负极和电解质等，像一个蓄电池，但实质上它不能"储电"，而是一个"发电厂"。

第一节　千呼万唤始出来

一、Grove 的发明

1839 年，威廉·格罗夫（William Grove）使用电解水时产生的氢气（H_2）和氧气（O_2）制造出第一节氢氧燃料电池，又称为格罗夫（Grove）电池。Grove 电池的发电过程是：在稀硫酸溶液中，插入两片白金箔，一端供给氧气，另一端供给氢气，氢气与氧气反应生成水，同时产生电流。Grove 把多只电池串联起来做电源，点亮了伦敦讲演厅的照明灯。这是历史上关于燃料电池的首次成功应用，从此拉开了燃料电池发展的序幕。但是，从那以后，燃料电池的发展还要经历 160 多年漫长而曲折的历程。

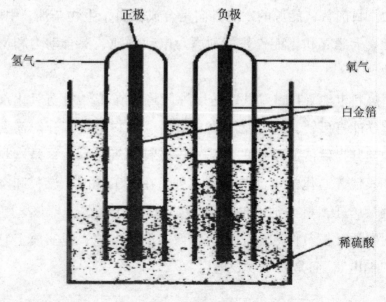

Grove 的燃料电池

二、被遗忘的燃料电池

1889 年，英国人孟德（Mond）和朗格尔（Langer）首先提出燃料电池（Fuel Cells）这个名称，并且用一个与 Grove 电池相似的装置产生电流密度约 0.2 安/平方厘米的电流。1894 年，奥斯特瓦尔德（Ostwald）分析指出：使用燃料电池直接发电的效率可以达到 50% ~ 80%，而由热能做功时发电过程受卡诺循环限制，效率在 50% 以下。然而，就在燃料电池的发展刚刚起步的时候，发电机问世了，它的出现推动了热能做功发电技术的迅速发展，淡化了人们对燃料电池的兴趣，致使燃料电池技术在此后的 60 多年间没有明显的进步。当然，有关电极动力学和材料制备等基础研究方面的不足也是制约燃料电池技术发展的因素之一。

三、开启记忆之门

20 世纪初，一些寻求高效能源的科学家又掀起了燃料电池的研究热潮。20 世纪 50 年代，英国剑桥大学的培根（Bacon）经过长期而卓有成效的研究之后，成功地开发出第一个实用型燃料电池的碱性燃料——使用多孔镍电极，功率 5 千瓦的碱性染料电池系统，运行寿命达到 1 000 小时。他的主要贡献可归纳为 3 个方面：①提出新型镍电极，采用双孔结构，改善了气体输运特性；②提出制备电极的新工艺（用锂离子嵌入镍板预氧化焙烧），解决了电极氧化腐蚀问题；③提出电池系统排水新方案，保证了电解液的工作质量。显然，培根的研究成果奠定了现代燃料电池实用技术的基础。

20 世纪 60 年代，美国的航天事业迅速发展，急需高性能电池作为航天器的电源。宇航局引进培根技术，开发了阿波罗登月飞船的燃料电池，之后又把燃料电池的研发列入宇宙飞船、太空实验室、航天飞机等空间开发计划中。前苏联的"礼炮 6 号"轨道站也采用燃料电池作为主电源。燃料电池在航天飞行中的巨大成功，进一步掀起了燃料电池的研发热潮。

70 年代出现的能源与生态环境危机又刺激发达国家寻求高效清洁能源、发展新能源产业的需求，燃料电池的研发恰恰顺应了这股时代发展的潮流，因而备受关注。美、日等国纷纷制定燃料电池发展的长期计划，由此掀起了又一轮燃料电池商业化的研发高潮。以美国为首的发达国家大力支持民用燃料电池发电站的开发，重点是用净化重整气作燃料的磷酸燃料电池（APEC）的研发，并建立了一批中小型试验运行电站。1977 年，美国首先建成了民用兆瓦级磷酸燃料电池试验电站，开始为工业和民用提供电力。至今，世界上已有百余台磷酸燃料电池发电站在各地试运行。

自此之后，熔融碳酸盐（MCFC）和固体氧化物（SOFC）燃料电池也都有了较大发展。尤其是在上世纪 90 年代，质子交换膜燃料电池（PEMFC）采用立体化电极和薄的质子交换膜之后，电池技术取得一系列突破性进展，极大地加快了燃料电池的实用化进程。随着人们环保意识的提高，社会舆论的关注，世界各大汽车公司竞相开发"无污染绿色环保汽车"，质子交换膜燃料电池被认为是电动车的理想电源。美国三大汽车公司——通用（GM）、福特（Ford）和克莱斯勒（Chrysler）都已得到美国能源部的资助，大力开发燃料电池电动汽车，力争在近期内将它推向市场。显然，以大规模使用燃料电池为特征的能源产业变革已经指日可待了。

四、神秘阿波罗（Appollo）

当明月当空，幽淡的光辉照着地球时，形成了美丽的夜景。在中国关于嫦娥奔月、吴刚伐桂的故事几乎家喻户晓。据说，远古时候有一年，天上出现了十个太阳，这件事惊动了一个名叫后羿的英雄，他登上昆仑山顶，运足神力，拉开神弓，一气射下九个多余的太阳。后羿立下大功，受到百姓的尊敬和爱戴，不少志士慕名前来投师学艺。奸诈刁钻、心术不正的蓬蒙也混了进来。不久，后羿娶了个美丽善良的妻子，名叫嫦娥。一天，后羿到昆仑山访友求道，巧遇由此经过的王母娘娘，便向王母求得一包不死药。据说，服下此药，能即刻升天成仙。然而，后羿舍不得撇下妻子，只好暂时把不死药交给嫦娥保管。嫦娥将药藏进梳妆台的百宝匣里，不料被蓬蒙看到。三天后，后羿率众徒外出狩猎，心怀鬼胎的蓬蒙假装生病，留了下来。待后羿率众人走后不久，蓬蒙手持宝剑闯入内宅后院，威逼嫦娥交出不死药。嫦娥知道自己不是蓬蒙的对手，危急之时她当机立断，转身打开百宝匣，拿出不死药一口吞了下去。嫦娥吞下药，身子立时飘离地面、冲出窗户，向月亮飞去，住在那儿的广寒宫里，至今还过着寂寞的生活。陪伴着嫦娥的只有那只一年到头都在为嫦娥捣药的玉兔。

吴刚折桂的传说：相传月亮上的广寒宫前的桂树生长繁茂，

有五百多丈高，下边有一个人常在砍伐它，但是每次砍下去之后，被砍的地方又立即合拢了。几千年来，就这样随砍随合，这棵桂树永远也不能被砍倒。这个砍树的人名叫吴刚，是汉朝西河人，曾跟随仙人修道，到了天界，但是他犯了错误，仙人就把他贬谪到月宫，做这种徒劳无功的苦差使，以示惩处。就这样，他只能永远在月亮上做着根本不可能完成的事，李白诗中有"欲斫月中桂，持为寒者薪"的记载。多少年来，人们对月亮一直有着美丽的联想。

国外也有类似的联想。17 世纪德国天文学家开普勒首先写出了飞向月亮的幻想故事。开普勒认为月亮上有空气，也有水。的确，对人类和生物来说，空气和水实在太重要了。不过，后来人们弄清了，月亮上既没有空气，也没有水。少年朋友也许会问：在一个没有空气和水的星球上，会不会出现生命？月球上有没有生命？这个问题如今已经有了可靠的答案。

1969 年 7 月 21 日，美国宇航员阿姆斯特朗和奥尔德林乘坐阿波罗 11 号宇宙飞船，实现了人类奔月的梦想。经过 100 小时的飞行，他们到达月球，3 时 51 分，阿姆斯特朗爬出登月舱的气闸室舱门，在 5 米高的进出口平台上待了几分钟，以安定一下激动的心情。然后他伸出左脚慢慢地沿着登月舱着陆架上的一架扶梯走向月面。他在扶梯的每一级上都稍微停一下，以使身体能适应月球的重力环境。走完 9 级扶梯整整花了 3 分钟，4 时 7 分他小心翼翼地把左脚触及月面，然后鼓起勇气将右脚也站在月面上。于是静寂的月球尘土上第一次印上了人类的脚印。

关于 60 年代阿波罗（Appollo）登月飞船，可以说是高压氢氧制成的具有实用功率水平的燃料电池成功应用的典范。剑桥大学的 Bacon 用高压氢氧制成了具有实用功率水平的燃料电池并成功应用于阿波罗（Apollo）登月飞船。从 20 世纪 60 年代登月后，这项技术第一次将氢气和氧气混合在一起制造出电力驱动汽车。该项技术绝对不会破坏环境，它的副产品只是热量和纯净的水，宇航员都可以喝。

从 60 年代开始，氢氧燃料电池广泛应用于航天领域，同一时间，兆瓦级的磷酸燃料电池也研制成功。从 80 年代开始，各种小功率电池在宇航、军事、交通等各个领域中得到应用。燃料电池不受卡诺循环限制，能量转换效率高，洁净无污染、噪音低，采用模块结构，积木性强、比功率高，既可以集中供电，也适合分散供电。

五、燃料电池——新能源革命的引领者

能源是经济发展的基础，没有能源工业的发展就没有现代文明。为了更有效地利用能源，人类一直在进行着不懈的努力。历史上利用能源的方式有过多次革命性的变革，从原始的蒸汽机到汽轮机、高压汽轮机、内燃机、燃气轮机，每一次能源利用方式的变革都极大地推进了现代文明的发展。随着现代文明的发展，人们逐渐认识到传统的能源利用方式有两大弊病。一是储存于燃料中的化学能必需首先转变成热能后才能转变成机械能或电能，受卡诺循环及现代材料的限制，在机端所获得的效率只有 33%～35%，一半以上的能量白白地损失掉了；二是传统的能源利用方式给人类的生活环境造成了大量的废水、废

气、废渣、废热和噪声污染。

200 多年前人们已经发明了燃料电池，但当时该技术被认为是不可能普及应用，直至今日，它才被人们所认识，我们称之为"能源的革命"。燃料电池的发展创新将如百年前内燃机技术取代人力造成的工业革命，也像电脑的发明普及取代人力运算绘图及文书处理的电脑革命，又如网络通讯的发展改变了人们生活习惯的信息革命，燃料电池已成为新能源时代的引领者。燃料电池将以效率、无污染、建设周期短、易维护以及低成本的优点引爆 21 世纪新能源与环保的绿色革命。如今，在北美、日本和欧洲，燃料电池发电正以急起直追的势头快步进入工业化规模应用的阶段，并将成为 21 世纪继火电、水电、核电后的第四种发电方式。燃料电池技术在国外的迅猛发展必须引起我们的足够重视，现在它已是能源、电力行业必须重视的课题。

第二节　未来最耀眼的明星

传统的燃料发电技术是利用煤或者石油作燃料，必须先将其燃烧，它们燃烧时产生的能量可以将水加热使之变成蒸汽，蒸汽则可以促使涡轮发电机在磁场中旋转，这样就产生了电流。换句话说，我们是把燃料的化学能转变为热能，然后再把热能转换为电能。在这种双重转换的过程中，许多化学能被浪费掉。在过去，煤炭、石油等化石燃料资源十分丰富便宜，虽有这种浪费，也不妨碍我们生产大量的电力，而无需昂贵的费用。然而，随着石油等资源的日益匮乏，以及燃烧碳基能源对地球环境的破坏，原来的这种火力发电技术即将走向终点。

燃料电池（Fuel cell）发电是继水力、火力和核能发电之后的第四类发电技术。它是一种不经过燃烧直接以电化学反应方式将燃料的化学能转变为电能的高效发电装置。从理论上讲，只要连续供给燃料，燃料电池便能连续发电。由于燃料电池具有发电效率高、环境污染少、建厂时间短、降载弹性佳，而且易于对废热进行综合利用等优点，无论是作为中央集中型或地区分散型电厂，还是作为工厂、生活小区、大型建筑群的现场型电厂均非常合适。因此，在美国、日本和西欧，燃料电池多年来一直被认为是未来的发电技术之一，相关的基础研究得到了广泛开展。

燃料电池可以把化学能直接转换为电能，这种电池由一种或多种化学溶液组成，其中插入两根称为电极的金属棒。每一电极上都进行特殊的化学反应，电子不是被释出就是被吸收。一个电极上的电势比另一个电极上的大，因此，如果这两个电极用一根导线连接起来，电子就会通过导线从一个电极流向另一个电极，这样的电子流就是电流。只要电池中进行化学反应，这种电流就会继续下去。手电筒的电池就是这种电池的一个例子。在某些情况下，当一个电池用完以后，如果人们迫使电流返回流入这个电池，电池内会反过来发生化学反应，因此，电池能够贮存化学能，并用于再次产生电流。汽车里的蓄电池就是这种可逆电池的一个例子。在一个电池里，被浪费的化学能要少得多，因为它只需要一个步骤就将化学能转变为电能。

一、我是全优王

由于燃料电池直接将燃料的化学能转变为电能，不受卡诺循环限制，发电效率可达 40% ~ 60%；与蒸汽透平组成联合发电系统时，发电总效率可以达到 70% 以上；热电联供时，总能量转化效率可达到 80% 以上。传统的大型火力发电效率只有 35% ~ 40%，此外，火力发电必须达到一定规模后才具有较高的发电效率。而燃料电池的发电效率却与电堆的规模无关。因此，燃料电池可以作为中央集中型电站，也可以用做区域分散型电站。

燃料电池是环境友好型新生儿。火力发电时排放尘埃、SO_2、NO_x 和烃类等污染物，燃料电池发电时没有燃烧过程，不会产生有害物质；用纯氢燃料时，反应产物只有水，可以实现真正的污染物"零排放"。在航天系统中，燃料电池生成的水还可供宇航员使用。燃料电池电堆中没有转动部件，振动噪声很低，11 兆瓦大功率磷酸燃料电池发电系统的噪声水平低于 55 分贝。低温燃料电池具有工作温度低、热辐射弱，噪声低的特点，更适合在潜水艇等具有隐蔽性的军事目标上使用。

燃料电池具有可动态响应，供电稳定的特点。燃料电池发电系统对负载变动的响应速度快，无论处于额定功率以上的过载运行还是低于额定功率的低载运行，它都能承受，并且发电效率波动不大，供电稳定性高。

燃料电池发电系统是全自动运行的，机械运动部件很少，维护简单，费用低，适合用做偏远地区、环境恶劣以及特殊场合（如空间站和航天飞机）的电源。

模块结构，方便耐用。燃料电池电站采用模块结构，由工厂生产各种模块，在电站的现场集成、安装，施工简单，可靠性高，并且模块容易更换，维修方便。

燃料来源广泛。燃料电池可以使用多种初级燃料，如天然气、煤气、甲醇、乙醇和汽油，也可使用发电厂不宜使用的低质燃料，如褐煤、废木、废纸，甚至城市垃圾，当然，这些燃料需经过重整处理后才能使用。

二、全球关注的宠儿

现在，世界各地都在进行燃料电池的研究与普及工作。

加快燃料电池的普及速度完全符合 1997 年在东京召开的防止地球温暖化东京会议（COP3）的精神。会上达成的条约规定，发达国家在 2010 年前将二氧化碳等产生温室效应的气体排放量比 1990 年削减5%以上。

为达到这个目标，世界各国必须减少使用排放大量二氧化碳的化石燃料，转为使用自然能源。日本一直注重核能发电厂的建设，但受世界性核泄漏以及临界事故的影响，也不得不重新审订计划。德国已决定在 2030 年前废除所有的核能发电厂。由今后的发展趋势可见，再增建核能发电厂很困难。

由于太阳光等自然能源的利用还处在研究之中，所以，许多国家都将燃料电池作为重要的发展策略加以扶持。在美国加利福尼亚州启动的关注汽车无公害化研究，也将焦点集中到最现实的方法——燃料电池上。

美国政府十分支持燃料电池的开发，通过政府和民间企业的共同努力，推进了燃料电池的普及速度。2000年度美国政府对燃料电池开发的预算大约为4千万美元，据报道，2001年度的预算申请额急剧增加到1亿美元，另外，对安装使用一定功率的燃料电池装置，也将给予大约占总费用1/3（不低于20万美元）的补贴。由于有了这样的开发应用环境，许多企业都加入到开发燃料电池的行列之中。

冬季寒冷的欧洲，很早以前就十分关注可以同时供给电力与热量的燃料电池装置。现在，荷兰、意大利和德国等国家都在积极开发燃料电池。在亚洲，中国台湾地区对造成大气污染的摩托车也提出了使用燃料电池的计划；中国大陆也启动了利用畜牧业废物为燃料的燃料电池装置的开发研究等等。总之，近年来人们对燃料电池的认识正在快速提升。

车用燃料电池以及家庭用发电机及余热利用系统的开发研究表明，燃料电池可以更加小型化，用途将更加广泛。便携式燃料电池电源的商品化以及取代干电池的趋势已经引起人们的关注。

东芝燃料电池生产厂已经依靠燃料电池，使罐装饮料自动售货机商品化。它是在原有自助售货机的基础上安装了以LPG（液化丙烷）为燃料的固体高分子型燃料电池（PEFC）。冷藏使用燃料电池发出的电，加热则利用燃料电池的排热。除节省能源、降低成本以外，还使没有电源的场所也可以放置自动售货机。

用于便携式电源的燃料电池模块也在积极开发中。松下电工已经开发出供野外使用的功率为 250 千瓦的固体高分子型燃料电池。它是以液化丁烷气体为燃料的小型燃料电池其外形尺寸为 50 厘米×30 厘米×40 厘米，重量 33 千克。该产品的最大特点是在超市即可购买到家庭用瓶装燃料。

受到人们关注的更小型化的燃料电池产品是笔记本电脑和移动电话使用的电源——"微型燃料电池"。美国的氢动力工程中心正在积极开发微型燃料电池，目前产品还没有投放市场。微型燃料电池需要解决的是燃料的供给和储存方法以及小型化。现在，在已小型化的高分子型燃料电池（PEFC）的基础上经过不断改进，不需要重整的"直接甲醇燃料电池"（DMFC）已经由美国的摩托罗拉公司研制成功，预计在几年后即可上市销售。

三、即将普及的燃料电池车

燃料电池车是以燃料电池为动力源的机动车辆，预计将在几年后普及。现在，因为它与燃料电池有关而成为热门话题。世界主要的汽车生产厂家都在积极开发研制燃料电池，目前已经有几种车型投放市场。

现在，全世界大约有 60 亿台汽车，今后的需求将以经济正在不断发展的亚洲为中心持续增长。但是，汽车排放的二氧化碳（CO_2）是地球温暖化的根源，并且，氮氧化物（NO_x）对人类健康有不良影响。尽管随着技术的不断进步，汽油发动机的环保性能也在提高，但却很难从根本上解决污染环境的问题。电动车和氢动力车等各种换代车正在研制中，目前燃料电池车已进入实用化阶段。

　　燃料电池车的最大特点是清洁。直接使用氢作燃料时没有尾气排放；使用甲醇等原燃料的燃料电池，通过车上的重整系统制取氢气时，能够将氮化物和硫化物等有害物质的排放量控制在很低的水平，并且不像电动车那样需要充电时间，此外，还可以使用多种原燃料进行重整。

　　据最近的文献报道，车用燃料电池的关键技术已取得突破性进展，燃料电池车的普及速度将会加快。预计到 2020 年，清洁的燃料电池车的占有量将达到 5% ~ 20%。

小百科

甲醇与汽油之战

　　假如你是一个关心燃料电池车的人，也许现在最感兴趣的问题是"哪种原燃料会成为通用燃料"。

　　目前，业内人士探讨的焦点集中在"是甲醇还是汽油"上。一直想用燃料电池代替石油的欧洲极力推荐甲醇，而对石油界有重要影响的美国则倾向于石油，今后的发展动向如何尚不能确定。

　　在美国石油学会发表的"燃料电池车的燃料选择"报告中，通过与氢气和甲醇对比后，得出只有汽油最合适的结论。该报告中指出氢气和甲醇作为原燃料需要相当高的基础设施建设费用。这当然是石油受益者的意见，所以，遭到了甲醇支持者的反对，认为基础设施的建设费用并没有那么高。

在汽车生产厂中，美国通用汽车公司（GM）和日本丰田公司比较注重实用化以后的普及工作，正在进行以汽油重整为主的研究。另一方面，戴姆勒—克莱斯勒等公司，着重进行的则是甲醇重整方面的研究。

第三节　实用化的固定式燃料电池

固定式（定点式）燃料电池安装后不再移动，除车用和便携式以及今后有希望实用化并可代替干电池的超小型燃料电池外，都属于固定式。固定式燃料电池技术已经走在燃料电池车的前面，某些已经得到实际应用了。这是因为它与车用燃料电池的要求不同，对小型化以及启动性能等方面的要求较低，并且热利用效率较高，所以得到了广泛应用。

第四节　动力燃料电池

动力燃料电池与固定式燃料电池的性能要求不同，它必须保证重量在 1 吨以上的车辆能达到 100 千米/时的行驶速度，并且能够承受频繁的启动或停止，还能够在各种恶劣气候条件下行驶。

车用燃料电池性能要求的重点是小型化、大功率（大于50 千瓦）。该功率远远能满足较大住宅或用电量较多的商店使用；另外，必须小型化以使燃料电池整个装置能够安装在车体内。

一、氢燃料电池

氢燃料电池是使用氢这种化学物质，制造成储存能量的电池。其基本原理相当于电解水的逆反应，把氢和氧分别供给阴极和阳极，氢通过阴极向外扩散和电解质发生反应后，放出的电子通过外部的负载到达阳极。

过去，人们总以为氢是一种化学元素，很少把它作为能源来看待。自从出现了火箭和氢弹之后，氢气又变成了航天和核武器的重要材料，现在又将其制成氢燃料电池，为人们提供电能。那么，氢气是怎样发电的呢？

20世纪60年代，氢燃料电池就已经成功地应用于航天领域。往返于太空和地球之间的"阿波罗"飞船就安装了这种体积小、容量大的电池。进入70年代以后，随着人们不断地掌握多种先进的制氢技术，氢燃料电池很快就被运用于发电和汽车。

大型电站，无论是水电、火电或核电，都是把发出的电送往电网，由电网输送给用户。但由于各用电户的负荷不同，电网有时呈现为高峰，有时则呈现为低谷，这就会导致停电或出现电压不稳。另外，传统的火力发电站的燃烧能量大约有70%消耗在锅炉和汽轮发电机这些庞大的设备上，燃烧时还会消耗大量的能源并排放大量的有害物质。而使用氢燃料电池发电，是将燃料的化学能直接转换为电能，不需要进行燃烧，能量转换率可达60%～80%，而且污染少、噪音小，装置可大可小，非常灵活。

氢的化学特性非常活跃，它可同许多金属或合金化合。某些金属或合金吸收氢之后，形成金属氢化物，其中有些金属氢化物的氢含量很高，甚至高于液氢的密度，而且该金属氢化物在一定温度条件下会分解，并把所吸收的氢释放出来，这就构成了一种良好的贮氢材料。

随着制氢技术的发展，氢燃料电池离我们的生活越来越近。到那时，氢气将像煤气一样通过管道被送入千家万户，每个用户则采用金属氢化物的贮罐将氢气贮存起来，然后连接氢燃料电池，再接通各种用电设备。它将为人们创造舒适的生活环境，减轻繁重的生活事务。但愿这种清洁方便的新型能源——氢燃料电池早日在人们日常生活中得到应用。

二、甲烷燃料电池

甲烷燃料电池是化学电池中的氧化还原电池。燃料电池是通过燃料和氧化剂（一般是氧气）在电极附近参与原电池反应来发电的化学电源。甲烷（CH_4）燃料电池就是用沼气（主要成分为 CH_4）作为燃料的电池，与氧化剂 O_2 反应生成 CO_2 和 H_2O，反应中得失电子就可产生电流从而可以发电。美国科学家设计出以甲烷等碳氢化合物为燃料的新型电池，其成本大大低于以氢为燃料的传统燃料电池。燃料电池使用气体燃料和氧气直接反应产生电能，其效率高、污染低，是一种很有前途的能源利用方式。但传统燃料电池使用氢气为燃料，而氢气既不容易制备又难以储存，导致燃料电池成本居高不下。

科研人员曾尝试用便宜的碳氢化合物为燃料，但化学反应产生的残渣很容易积聚在镍制的电池正极上，导致短路。美国科学家使用铜和陶瓷的混合物制造电池正极，解决了残渣积聚问题。这种新电池能使用甲烷、乙烷、甲苯、丁烯和丁烷等 5 种物质作为燃料。

三、甲醇燃料电池

直接甲醇燃料电池是质子交换膜燃料电池的一种变种,它直接使用甲醇而无须预先重整。甲醇在阳极转换成二氧化碳,质子和电子,如同标准的质子交换膜燃料电池一样,质子透过质子交换膜在阴极与氧反应,电子则通过外电路到达阴极,并做功。直接使用甲醇水溶液或蒸汽甲醇为燃料供给来源,而不需通过甲醇、汽油及天然气的重整制氢以供发电。相对于质子交换膜燃料电池(PEMFC),直接甲醇燃料电池(DMFC)具备低温快速启动、燃料洁净环保以及电池结构简单等优点。这使得直接甲醇燃料电池(DMFC)可能成为未来便携式电子产品应用的主流。这种电池的期望工作温度为120℃,比标准的质子交换膜燃料电池略高,其效率大约是40%左右。其缺点是当甲醇低温转换为氢和二氧化碳时要比常规的质子交换膜燃料电池需要更多的白金催化剂。不过,这种增加的成本与可以方便地使用液体燃料和无须进行重整便能工作相比则不值一提。直接甲醇燃料电池使用的技术仍处于其发展的早期,但已成功地显示出可以用作移动电话和膝上型电脑的电源,将来还具有为指定的终端用户服务的潜力。

四、乙醇燃料电池

乙醇燃料电池——直接乙醇燃料电池(DEFC)由于乙醇的

天然存在性、无毒，是一种可再生能源开始引起人们的研究兴趣。然而，乙醇燃料电池目前多以含有 CO_2 的空气作为氧气的来源，故其碱性不断下降，进而使得电池无法完全正常地运转，甚至根本无法运转。但与直接甲醇燃料电池和氢氧质子交换膜燃料电池相比，DEFC 的功率密度很低，远不能达到工业应用的水平。虽然直接甲醇燃料电池中的甲醇渗透问题受到人们的关注，而且已经进行了深入研究，但 DEFC 中的乙醇渗透问题目前鲜有问津。研究人员系统研究了乙醇透过 Nafion – 115 电解质膜的渗透率，并与相应的甲醇渗透率进行了比较。与此同时，研究比较了它们对以 Pt、Ru 为阳极催化剂的直接醇类燃料电池性能的影响，进一步研究了膜电极集合体（Membrane Electrode Assembly，MEA）制备方法对 DEFC 性能的影响。而且采用半电池和单池评价技术研究了乙醇在碳载 PtSn 催化剂上的电氧化机理。此外，对以乙醇为燃料的质子交换膜燃料电池（PEMFC）操作体系进行了有效能分析。研究结果表明与相同浓度的甲醇水溶液相比，透过 Nafion 膜的乙醇的渗透率低于甲醇的渗透率。由于乙醇渗透率小而且乙醇在 Pt/C 催化剂上的电氧化活性低使得乙醇渗透对直接醇类燃料电池的阴极性能影响小。但是，乙醇对电解质膜的溶胀能力强，造成了电池性能衰减和失活，这是 DEFC 研究的一个重要技术难题。MEA 制备方法对乙醇渗透、DEFC 的开路电压和电池性能都有明显的影响。尽管与传统电极制备方法相比，薄层转压技术的多步骤操作过程对阳极 PtRu 催化剂的表面组成和阴极 Pt 催化剂的粒径分布都有明显的影响，但由于其制备的 MEA 催化层薄而且催化剂与电解质膜之间接触好而使之具有较好的 DEFC 性能。从 Pt/C 和 PtSn/C 分别为 DEFC 阳极催化剂的单池恒电流放电产物分布以及电化学表征结果可以看出，锡能够明显提高铂对乙醇的电催化活性，它能使乙醇在比 Pt 上更低的电位下氧化生成乙酸，但是，乙醇氧化的产物仍然主要是含 C－C 键的化合物，C－C 键的断裂仍是其核心问题。根据单池放电产物的分布结果提出了乙醇在 PtSn/C 催化剂上电氧化的可能机理。

五、质子交换膜燃料电池

质子交换膜燃料电池（proton exchange membrane fuel cell, 英文简称 PEMFC）是一种燃料电池，在原理上相当于水电解的"逆"装置。其单电池由阳极、阴极和质子交换膜组成，阳极为氢燃料发生氧化的场所，阴极为氧化剂还原的场所，两极都含有加速电极电化学反应的催化剂，质子交换膜则作为电解质。该电池工作时相当于一个直流电源，其阳极即电源负极，阴极为电源正极。

质子交换膜燃料电池（PEMFC）由于体积小、工作温度低、无污染（无电解质泄露）和效率高等特点，是汽车最理想的动力源，目前各国研制的燃料电池汽车均采用这种形式的燃料电池。

20 世纪 60 年代，美国首先将 PEMFC 用于 Gemini 宇航飞行。伴随着全氟磺酸型质子交换膜碳载铂催化剂等关键材料的发展和应用，至 80 年代，PEMFC 的研究取得了突破性进展，电池的性能和寿命大幅提高，电池组的体积比功率和质量比功率分别达到 1 000 瓦/升、700 瓦/千克,超过了 DOE 和 PNGV 制定的电动车指标。90 年代以来,基于质子交换膜燃料电池高速发展,各种以其为动力的电动汽车相继问世,至今全球已有数百台以 PEMFC 为动力的汽车、潜艇、电站在示范运行。

质子交换膜燃料电池发电作为新一代发电技术,其广阔的应用前景可与计算机技术相媲美。经过多年的基础研究与应用开发,质子交换膜燃料电池用作汽车动力的研究已取得实质性进展,微型质子交换膜燃料电池便携电源和小型质子交换膜燃料电池移动电源已达到产品化程度,中、大功率质子交换膜燃料电池发电系统的研究也取得了一定成果。由于质子交换膜燃料电池发电系统有望成为移动装备电源和重要建筑物备用电源的主要发展方向,因此有许多问题需要进行深入的研究。就备用氢能发电系统而言,除质子交换膜燃料电池单电池、电堆质量、效率和可靠性等基础研究外,其应用研究主要包括:适应各种环境需要的发电机集成技术,质子交换膜燃料电池发电机电气输出补偿与电力变换技术,质子交换膜燃料电池发电机并联运行与控制技术,备用氢能发电站制氢与储氢技术,适应环境要求的空气(氧气)供应技术,氢气安全监控与排放技术,氢能发电站基础自动化设备与控制系统开发,建筑物采用质子交换膜燃料电池氢能发电电热联产联供系统,以及质子交换膜燃料电池氢能发电站建设技术等等。采用质子交换膜燃料电池氢能发电将大大提高重要装备及建筑电气系统的供电可靠性,使重要建筑物以市电和备用集中柴油电站供电的方式向市电与中、小型质子交换膜燃料电池发电装置、太阳能发电、风力发电等分散电源联网备用供电的灵活发供电系统转变，极大地提高建筑物的智能化程度、节能水平和环保效益。

迄今最常用的质子交换膜（PEMFC）仍然是美国杜邦公司的 Nafion 质子交换膜，它具有质子电导率高和化学稳定性好的优点，目前 PEMFC 大多采用 Nafion 质子交换等全氟磺酸膜，国内装配 PEMFC 所用的 PEM 主要依靠进口。但 Nafion 质子交换类膜仍存在以下缺点：①制作困难、成本高，全氟物质的合成和磺化都非常困难，而且在成膜过程中的水解、磺化作用容易使聚合物发生变性、降解，使得成膜困难，导致成本较高；②对温度和含水量要求高，Nafion 系列膜的最佳工作温度为70℃~90℃，超过此温度其含水量会急剧降低，使导电性迅速下降，阻碍了通过适当提高工作温度来提高电极反应速度和克服催化剂中毒；③某些碳氢化合物（如甲醇等）渗透率较高，不适合用作直接甲醇燃料电池（DMFC）的质子交换膜。

Nafion 膜的价格在 600 美元/平方米左右，相当于电价为 120 美元/千瓦（单位电池电压为 0.65 伏）。在燃料电池系统中，膜的成本几乎占总成本的 20%~30%。为尽早实现燃料电池的商业化应用，降低质子交换膜的价格迫在眉睫。加拿大的巴拉德公司在质子交换膜领域做了后来居上的工作，使人们看到了交换膜商业化的希望。据研究计划报道，其第三代质子交换膜 BAM3G，是部分氟化的磺酸型质子交换膜，演示寿命已经超过 4 500 小时，其价格已经降到 50 美元/立方米，这相当于电价为 10 美元/千瓦（单位电池电压为 0.65 伏）。

六、固体氧化物燃料电池

固体氧化物燃料电池（Solid Oxide Fuel Cell，简称 SOFC）属于第三代燃料电池，是一种在中高温下直接将储存在燃料和氧化剂中的化学能高效无污染地转化成电能的全固态化学发电装置。它被普遍认为是一种在未来会与质子交换膜燃料电池（PEMFC）一样得到广泛普及应用的燃料电池。

SOFC 与第一代燃料电池（磷酸型燃料电池，简称 PAFC）和第二代燃料电池（熔融碳酸盐燃料电池，简称 MCFC）相比有如下优点：①较高的电流密度和功率密度；②阳、阴极极化可忽略。彼化损失集中在电解质内阻降；③可直接使用氢气、烃类（甲烷）、甲醇等作燃料，而不必使用贵金属作催化剂；④避免了中、低温燃料电池的酸碱电解质或熔盐电解质的腐蚀及封接问题；⑤能提供高质余热，实现热电联产，燃料利用率高，能量利用率高达 80% 左右，是一种清洁高效的能源系统；⑥广泛采用陶瓷材料作电解质、阴极和阳极，具有全固态结构；⑦陶瓷电解质要求中、高温运行（600℃～1000℃），加快了电池反应的进行，还可以实现多种碳氢燃料气体的内部还原，简化了设备。

固体氧化物燃料电池具有燃料适应性广、能量转换效率高、全固态、模块化组装、零污染等优点，可以直接使用氢气、一氧化碳、天然气、液化气、煤气及生物质气等多种碳氢燃料。可以在大型集中供电、中型分电和小型家用热电联供等民用领域作为固定电站，以及作为船舶动力电源、交通车辆动力电源等移动电源，其应用前景都非常广阔。

固体氧化物燃料电池的开发始于 20 世纪 40 年代，但是在 80 年代以后其研究才得到蓬勃发展。早期开发出来的 SOFC 的工作温度较高，一般在 800℃~1000℃。目前科学家已经成功研发中温固体氧化物燃料电池，其工作温度一般在 800℃左右。一些国家的科学家也正在努力开发低温 SOFC，其工作温度还可以降低至 650℃~700℃。工作温度的进一步降低，使得 SOFC 的实际应用成为可能。

燃料电池运行时必须使用流动性好的气体燃料。低温燃料电池要用氢气，高温燃料电池可以直接使用天然气、煤气。这种燃料的前景如何呢？我国的天然气资源是十分丰富的，现已探明陆地上储量为 1.9 万亿立方米，专家认为我国已探明天然气储量为 30 万亿立方米。中国还将利用丰富的邻国天然气资源，俄罗斯的西西伯利亚已探明天然气储量为 38.6 万亿立方米，每年可向我国供 200 亿~300 亿立方米；俄罗斯的东西伯利亚已探明天然气储量 3.13 万亿立方米，每年可向我国供气 100亿~200 亿立方米；俄远东地区、萨哈林岛探明天然气储量为 1万亿立方米，每年可向我国东北供气 100 亿立方米以上。中亚地区的哈萨克斯坦、乌兹别克斯坦和土库曼斯坦 3 国探明的天然气储量为 6.77 万亿立方米，每年可向外供气 300 亿立方米。我国规划在 2010 年以前铺设天然气管线 9 000 千米，届时有望在全国形成"两纵、两横、四枢纽、五气库"的格局，形成可靠的供气系统。其中的两纵是南北的输气干线，即萨哈林岛—大庆—沈阳干线和伊尔库茨克—北京—日照—上海输气干线。

目前我国每年的天然气生产能力约为 300 亿立方米，2010 年为 700 亿立方米，2020 年为 1 000 ~ 1100 亿立方米。天然气主要成分为 CH_4（占 90% 左右），热值高（每立方米天然气热值为 36 000 ~ 39 700 千焦），便于运输，在 3 000 千米的距离内运用管道输送都是十分经济的。

半个世纪以来，世界上大多数国家都已完成了由煤炭时代向石油时代的转换，正在向石油、天然气时代过度。如 1950 年在世界能源结构中煤炭所占的比例为 57.5%，而到 1996 年则下降为 26.9%，天然气占 23.5%，石油占 39%，这两者共占 63%。能源界预测按照目前的消费速度，石油只能再用 20 年，而天然气则可用 100 年，为此 21 世纪被称为"天然气世纪"。中国的能源工业也必将跟上世界能源消费潮流。

另外，由于环保的需要和 IGCC 技术的推动，煤的大型气化装置技术已经过关。煤炭部门的有关专家介绍，目前的技术完全可以把煤转换为氢气（转换效率可达 80%），供给燃料电池作燃料，其效率要比常规热动力装置效率高得多。

第六章　无处不在的发电厂

因为有电，世界才奇妙起来，电的发明无疑给人类带来了崭新的世界，于是每天都有精彩的故事演绎着。

雷电是自然界的一种放电现象，通常会伴随着闪电和雷鸣，既雄伟壮观又令人生畏。在夏天的雨季，经常会突然变天，霎时间整个天空黑沉沉的，像玉帝打翻了墨汁瓶。突然，一道闪电划破了天空，紧接着，轰隆隆的雷声响起来。刚才还是乌云密布的天空，转眼间雷电交加、狂风暴雨，即使是坐在家里面，也能感觉到那种地动山摇的气势。方才还是阴云密布，霎时雷雨交加，电闪雷鸣，大树被狂风吹得东倒西歪，摇摇欲坠，震耳欲聋的雷声如在耳边。其实人们很久以前就知道雷电能破坏好多东西，诸如树木、设备、建筑……在中国古代，传说有雷公电母二神，他们是专门管理雷电的。但是自先秦两汉起，民众就赋予雷电以惩恶扬善的意义。人们甚至认为雷电是天神在发怒，成语"五雷轰顶"就是说人们认为如果谁做了坏事会遭到上天的惩罚，严重者甚至会被雷击致死。《史记》的《殷本纪》称："武乙无道，暴雷震死"。王充《论衡》的《雷虚》篇

称"盛夏之时，雷电迅疾，击折树木，坏败室屋，时犯杀人"，"其犯杀人也，谓之阴过，饮食人以不洁净，天怒击而杀之。隆隆之声，天怒之音，若人之响嘘矣"。在古人看来，雷电都具有替天行道、惩罚阴过、震死暴雷的作用。那么雷电真的是天神发怒吗？还是其他什么原因引起的呢？这个问题很早引起了很多人的好奇心，但关于雷电的正确解释要到十八世纪富兰克林的风筝实验成功之后。

事实上，电的发现是源于古希腊的，"电"源于古希腊语"琥珀"。公元前600年左右，古希腊的贵族妇女们外出时都喜欢穿柔软的衣服，胸前佩戴琥珀做的首饰。琥珀是一种树脂的化石，是当时较为贵重的装饰品。人们总是把琥珀首饰擦拭得干干净净。但不管擦得多么干净，很快又会吸上一层灰尘，让人无法理解。当时，有个叫泰勒斯的人，经过仔细观察，注意到挂在颈项上的琥珀首饰在人走动时不断晃动，频繁地摩擦身上的丝绸衣服，他猜想奥妙在此。经过多次实验，他发现用丝绸摩擦过的琥珀确实具有吸引灰尘、绒毛等轻小物体的能力，于是，他就把这种不可理解的力量叫做"电"。公元前1世纪末，我国也有人发现玳瑁经过摩擦可吸引轻小物体的电现象。

1746年，一位英国学者在波士顿利用玻璃管和莱顿瓶表演了电学实验。富兰克林怀着极大的兴趣观看了他的表演，并被电学这一刚刚兴起的科学强烈地吸引住了。随后，富兰克林开始了电学的研究。富兰克林在家里做了大量实验，研究了两种电荷的性能，说明了电的来源和在物质中存在的现象。在18世纪以前，人们还不能正确地认识雷电到底是什么。当时人们普遍相信雷电是上帝发怒的说法。一些不信上帝的有识之士曾试图解释雷电的起因，但都未获成功，学术界比较流行的观点认为雷电是"气体爆炸"。

在一次试验中，富兰克林的妻子丽德不小心碰到了莱顿瓶，一团电火闪过，丽德被击中倒地，面色惨白，足足在家躺了一个星期才恢复健康。这虽然是试验中的一起意外事件，但思维敏捷的富兰克林却由此而想到了空中的雷电。他经过反复思考，断定雷电也是一种放电现象，它和在实验室产生的电在本质上是一样的。于是，他写了一篇名叫《论天空闪电和我们的电气相同》的论文，并送给了英国皇家学会。但富兰克林的伟大设想竟遭到了许多人的嘲笑，有人甚至嗤笑他是"想把上帝和雷电分家的狂人"。

富兰克林决心用事实来证明一切。1752年6月的一天，阴云密布，电闪雷鸣，一场暴风雨就要来临了。富兰克林和他的儿子威廉一道，带着上面装有一个金属杆的风筝来到一个空旷地带。富兰克林高举起风筝，他的儿子则拉着风筝线飞跑。由于风大，风筝很快就被放上高空。刹那间，雷电交加，大雨倾盆。富兰克林和他的儿子一起拉着风筝线，父子俩焦急地期待着，此时，刚好一道闪电从风筝上掠过，富兰克林用手靠近风筝上的铁丝，立即掠过一种恐怖的麻木感。他抑制不住内心的激动，大声呼喊："威廉，我被电击了！"。随后，他又将风筝线上的电引入莱顿瓶中。回到家里以后，富兰克林用雷电进行了各种电学实验，证明天上的雷电与人工摩擦产生的电具有完全相同的性质。富兰克林关于天上和人间的电是同一种东西的假说，在他自己的这次实验中得到了有力地证实。

风筝实验的成功使富兰克林在全世界科学界名声大振。英国皇家学会给他送来了金质奖章，聘请他担任皇家学会的会员，他的科学著作也被译成了多种语言，他的电学研究取得了初步的胜利。然而，在荣誉和胜利面前，富兰林没有停止对电学的进一步研究。1753 年，俄国著名电学家利赫曼为了验证富兰克林的实验，不幸被雷电击死，这是做电实验的第一个牺牲者。血的代价，使许多人对雷电试验产生了戒心和恐惧。但富兰克林在死亡威胁的面前没有退缩，经过多次试验，他制成了一根实用的避雷针。他把几米长的铁杆，用绝缘材料固定在屋顶，杆上紧拴着一根粗导线，一直通到地里。当雷电袭击房子的时候，电流就沿着金属杆通过导线直达大地，房屋建筑则完好无损。1754 年，避雷针开始得到应用，但有些人认为这是个不祥的东西，违反天意会带来旱灾，就在夜里偷偷地把避雷针拆了。然而，科学终将战胜愚昧。一场挟有雷电的狂风过后，大教堂着火了，而装有避雷针的高层房屋却平安无事。事实教育了人们，使人们相信了科学。

从此，电作为一种能源被人类广泛应用，这里我们主要介绍电池的应用。一个小型的蓄电池就相当于一个发电厂，可以源源不断地供应电流。随着科学技术的发展，传统蓄电池暴露出许多缺点，如污染环境及浪费资源等，于是人们开始研究一些既环保又节能的新型电池。其实，早在十九世纪就已经有人在尝试这样的实验了。而1973年的石油危机和90年代的环境污染问题则大大促进了新能源电池的发展。

第一节　备受宠爱的"太阳能"

在西方国家，人们把太阳看做是光明和生命的象征。据说，太阳神阿波罗是天神宙斯和女神勒托（Leto）所生之子。神后赫拉（Hera）由于妒忌宙斯和勒托的相爱，残酷地迫害勒托，致使她四处流浪。后来总算有一个浮岛德罗斯收留了勒托，她在岛上艰难地生下了日神和月神。于是赫拉就派巨蟒皮托前去杀害勒托母子，但没有成功。后来，勒托母子交了好运，赫拉不再与他们为敌，他们又回到众神行列之中。阿波罗为替母报仇，就用他那百发百中的神箭射死了给人类带来无限灾难的巨蟒皮托，为民除了害。阿波罗在杀死巨蟒后十分得意，在遇见小爱神厄洛斯（Eros）时讥讽他的小箭没有威力，于是厄洛斯就用一枝燃着恋爱火焰的箭射中了阿波罗，而用一枝能驱散爱情火花的箭射中了仙女达佛涅（Daphne），要令他们痛苦。达佛涅为了摆脱阿波罗的追求，就让父亲把自己变成了月桂树，不料阿波罗仍对她痴情不已，这令达佛涅十分感动。而从那以后，阿波罗就把月桂作为饰物，桂冠成了胜利与荣誉的象征。每天黎明，太阳神阿波罗都会登上太阳金车，拉着缰绳，高举神鞭，巡视大地，给人类送来光明和温暖。

据记载，人类利用太阳能已有3000多年的历史。而真正将太阳能作为一种能源和动力加以利用，则只有300多年的历史。将太阳能作为"近期急需的补充能源"，"未来能源结构的基础"，则是近来的事。20世纪70年代以来，太阳能科技突飞猛进，太阳能利用技术日新月异。近代太阳能利用历史，可以从1615年法国工程师门·德·考克斯发明第一台太阳能驱动的发动机算起。他发明的是一台利用太阳能加热空气使其膨胀做功而抽水的机器。在1615年至1900年之间，世界上又研制成多台太阳能动力装置和一些其他太阳能装置。这些动力装置几乎全部采用聚光方式采集阳光，发动机功率不大，介质主要是水蒸气，价格昂贵，实用价值不大，大部分为太阳能爱好者个人研究制造。

无论是从绿色环保还是节能方面考虑，太阳能绝对是最受关注的新能源之一，目前关于太阳能的应用已经非常广泛了。以太阳能发展的历史来说，光照射到材料上所引起的"光起电力"现象，早在19世纪的时候就已经被发现了。

一、由"光伏效应"到太阳能电池

在第二次世界大战结束后的20年中，一些有远见的科学家们已经注意到石油和天然气资源正在迅速减少，呼吁人们重视

这一问题，从而逐渐推动了太阳能研究工作的恢复和开展，并且成立太阳能学术组织，举办学术交流和展览会，再次兴起太阳能研究热潮。在这一阶段，太阳能研究工作取得一些重大进展。

1839 年，光生伏特效应第一次由法国物理学家 A. E. Becquerel 发现。

1849 年术语"光－伏"出现在英语中。

1883 年第一块太阳电池由 Charles Fritts 制备成功。Charles 用锗半导体上覆上一层极薄的金层形成半导体金属结构，器件只有 1% 的发电效率。

20 世纪 30 年代，照相机的曝光计广泛地使用光起电力行为原理。

1946 年 Russell Ohl 申请了现代太阳电池的制造专利。

20 世纪 50 年代，人们对半导体物性逐渐了解，加工技术不断进步。1954 年，美国的贝尔实验室在用半导体做实验时发现在硅中掺入一定量的杂质后其对光更加敏感的现象后，第一个太阳能电池于 1954 年在贝尔实验室诞生。太阳电池技术的时代终于到来。

20 世纪 60 年代开始，美国发射的人造卫星就已经利用太阳能电池作为能量的来源。

20 世纪 70 年代的能源危机让世界各国意识到能源开发的重要性。

自从石油在世界能源结构中担当主角之后，石油就成了左右经济和决定一个国家生死存亡、发展和衰退的关键因素。1973 年 10 月爆发中东战争，石油输出国组织采取石油减产、提价等办法，支持中东人民的斗争，维护本国的利益。其结果是使那些依靠从中东地区大量进口廉价石油的国家，在经济上遭受沉重打击。于是，西方一些人惊呼：世界发生了"能源危机"（有的称"石油危机"）。这次"危机"在客观上使人们认识到：现有的能源结构必须彻底改变，应加速向未来能源结构过渡。这使得许多国家，尤其是工业发达国家，重新加强了对太阳能及其他可再生能源技术发展的支持，在世界上再次兴起了开发利用太阳能的热潮。

目前，美国、日本和以色列等国家已经大量使用太阳能装置，并朝更商业化的目标前进。

二、"阳光计划"

太阳能既是一次能源，又是可再生能源。它资源丰富，既可免费使用，又无需运输，对环境无任何污染。它为人类创造了一种新的生活形态，使社会及人类进入一个节约能源减少污染的时代。虽然太阳能的利用还不是很普及，利用太阳能发电还存在成本高、转换效率低的问题，但是太阳能电池在为人造卫星提供能源方面得到了很好的应用。

随着对太阳能利用研究的深入，世界各国也积极地为太阳能研究制定了相应的计划。早在 1990 年，德国政府就提出了"2000 个光伏屋顶计划"，目的是使每个家庭的屋顶装峰值功率达 3~5 千瓦光伏电池。

1997 年，美国提出"克林顿总统百万太阳能屋顶计划"，其目标是在 2010 年以前为 100 万户，每户安装峰值功率达 3~5 千瓦光伏电池。有太阳时光伏屋顶向电网供电，电表反转；无太阳时电网向家庭供电，电表正转，家庭只需交"净电费"。由于太阳能研究经费大幅度增长，美国政府还专门成立了太阳能开发银行，促进太阳能产品的商业化。

1997 年，日本政府制定了"新阳光计划"，提出到 2010 年生产峰值功率达 43 亿瓦光伏电池。其中，太阳能的研究开发项目有：太阳房、工业太阳能系统、太阳热发电、太阳电池生产系统、分散型和大型光伏发电系统等。为实施这一计划，日本政府投入了大量人力、物力和财力。

1997 年，欧洲联盟计划到 2010 年生产峰值功率达 37 亿瓦光伏电池。

1998 年，单晶硅光伏电池效率达 25%。荷兰政府提出"荷兰百万个太阳光伏屋顶计划"，预计到 2020 年完成。

在某种意义上，"阳光计划"和"光伏屋顶计划"都是人们对高效利用太阳能发电的一种计划。其实，早在 1993 年日本政府就提出了规模庞大的"新阳光计划"，该计划囊括了 1974 年日本提出的"新能源技术开发计划"、1978 年提出的"节能技术开发计划"和1989年提出的"环境保护技术开发计划"。"新阳光计划"的主要目的是在政府领导下，采取政府、企业和大学三者联合的方式，共同攻关，克服在能源开发方面遇到的各种难题。"新阳光计划"的主导思想是：实现经济增长与能源供应和环境保护之间的平衡。"新阳光计划"的主要研究课题大致可分为七大领域，即再生能源技术和化石燃料应用技术、能源输送与储存技术、系统化技术、基础性节能技术、高效与革新性能源技术和环境技术等。目前，日本在太阳能发电利用研究方面已居世界领先水平。

70年代初世界上出现的开发利用太阳能热潮，对我国也产生了巨大影响。一些有远见的科技人员，纷纷投身太阳能事业，积极向政府有关部门提建议，出书办刊，介绍国际上太阳能利用动态；在农村推广应用太阳灶，在城市研制开发太阳能热水器，空间用的太阳电池开始在地面应用。1975年，在河南安阳召开的"全国第一次太阳能利用工作经验交流大会"，进一步推动了我国太阳能事业的发展。这次会议之后，太阳能研究和推广工作被纳入了我国政府计划，获得了专项经费和物资支持。一些大学和科研院所，纷纷设立太阳能课题组和研究室，有的地方开始筹建太阳能研究所。当时，我国也兴起了开发利用太阳能的热潮。

2005年9月，上海市政府发布"上海开发利用太阳能行动计划"。

2006年6月，中国成立风能太阳能资源评估中心。

2009年3月23日，财政部印发《太阳能光电建筑应用财政补助资金管理暂行办法》，拟对太阳能光电建筑等大型太阳能工程进行补贴。

2011年，《十二五新能源规划纲要》发布。

三、从高峰转入低谷

19世纪20年代的石油战争结束后，考虑到能源危机，全世界再次兴起了开发利用太阳能热潮。然而，进入80年代后不久就开始落潮，关于"太阳能"利用研究逐渐转入低谷。世界上许多国家相继大幅度削减太阳能研究经费，其中，美国最为突出。导致这种现象的主要原因是：世界石油价格大幅度回落，而太阳能产品价格居高不下，缺乏竞争力；太阳能技术没有重大突破，提高效率和降低成本的目标没有实现，以致动摇了一些人开发利用太阳能的信心；核电发展较快，对太阳能的发展起到了一定的抑制作用。受80年代国际上太阳能研究低落的影响，我国太阳能研究工作也受到一定程度的削弱，有人甚至认为：太阳能利用投资大、效果差、贮能难、占地广，认为太阳能是未来能源，主张外国研究成功后我国再引进技术。虽然，持这种观点的人是少数，但十分有害，对我国太阳能事业的发展造成了不良影响。这一阶段，虽然太阳能开发研究经费大幅度削减，但研究工作并未中断，有的项目还进展较大，而且促使人们认真地去审视以往的计划和制定的目标，调整研究工作重点，争取以较少的投入取得较大的成果。

由于大量燃烧矿物能源，造成了全球性的环境污染和生态破坏，对人类的生存和发展构成威胁。在这样的背景下，1992

年联合国在巴西召开"世界环境与发展大会",会议通过了《里约热内卢环境与发展宣言》、《21世纪议程》和《联合国气候变化框架公约》等一系列重要文件,把环境与发展纳入统一的框架,确立了可持续发展的模式。这次会议之后,世界各国加强了清洁能源技术的开发,将利用太阳能与环境保护结合在一起,使太阳能利用工作走出低谷,逐渐得到加强。世界环境与发展大会之后,我国政府对环境与发展十分重视,提出10条对策和措施,明确要"因地制宜地开发和推广太阳能、风能、地热能、潮汐能、生物质能等清洁能源",制定了《中国21世纪议程》,进一步明确了太阳能重点发展项目。

1995年,国家计委、国家科委和国家经贸委制定了《新能源和可再生能源发展纲要》,明确提出我国1996～2010年新能源和可再生能源的发展目标、任务以及相应的对策和措施。这个文件的制定和实施,对进一步推动我国太阳能事业发挥了重要作用。1996年,联合国在津巴布韦召开"世界太阳能高峰会议",会后发表了《哈拉雷太阳能与持续发展宣言》,会上讨论了《世界太阳能10年行动计划》(1996～2005年),《国际太阳能公约》,《世界太阳能战略规划》等重要文件。这次会议进一步表明了联合国和世界各国对开发太阳能的坚定决心,要求全球共同行动,广泛利用太阳能。

1992年以后,世界太阳能利用研究又进入到一个发展期,其特点是:太阳能利用与世界可持续发展和环境保护紧密结合,全球共同行动,为实现世界太阳能发展战略而努力;太阳能发展目标明确,重点突出,措施得力,有利于克服以往忽冷忽热、过热过急的弊端，保证太阳能事业的长期发展；在加大太阳能研究开发力度的同时，注重科技成果转化为生产力，发展太阳能产业，加速商业化进程，扩大太阳能利用领域和规模，逐渐提高经济效益；国际太阳能领域的合作空前活跃，规模扩大，效果明显。

太阳能利用的发展历程与煤、石油及核能完全不同，人们对其认识差别大，反复多，发展时间长。这一方面说明太阳能开发难度大，短时间内很难实现大规模利用；另一方面也说明太阳能利用还受矿物能源供应、政治和战争等因素的影响，发展道路比较曲折。尽管如此，从总体来看，20世纪取得的太阳能科技进步仍比以往任何一个世纪都快。

由此看来，全人类梦寐以求的太阳能时代实际上已经近在眼前，包括到太空去收集太阳能，把它传输到地球，使之变为电力，以解决人类面临的能源危机。随着科学技术的进步，这已经不是一个梦想。由美国国家航空和航天局与国家能源部建造的世界上第一座太阳能发电站，最近将在太空组装，不久将开始向地面供电。

第二节　燃料电池的发明

对于发电行业来说，虽然采用的技术在不断地升级，如开发出了超高压、超临界和超超临界机组，开发出了流化床燃烧和整体气化联合循环发电技术，但这种努力的结果是：机组规模巨大、超高压远距离输电、投资上升，到用户的综合能源效率仍然只有35%左右，大规模的污染仍然没有得到根本解决。

多年来人们一直在努力寻找既有较高的能源利用效率又不污染环境的能源利用方式，它就是燃料电池发电技术。

燃料电池是一种化学电池，但是，它工作时需要连续地向其供给活物质（能起反应的物质）——燃料和氧化剂，这又和其他普通化学电池不大一样。由于它是把燃料通过化学反应释放出的能量转变为电能输出，所以才被称为燃料电池。具体来说，燃料电池是一种将储存在燃料和氧化剂中的化学能，通过催化剂的作用，等温、高效、无污染地转化为电能的发电装置，其反应过程不涉及到燃烧，能量转化率可高达80%，实际使用效率是普通内燃机的2倍以上。其燃料除氢气、石油外，还可使用天然气、甲醇、煤以及其他非石油基燃料。由于汽油中含有大量氢，世界各公司正在寻找合适的催化剂，以将汽油中的氢分解出来，供燃料电池使用。

一、伦敦讲演厅的照明灯

随着现代文明的发展，技术的进步，人们逐渐认识到传统能源的弊病，尤其是应用广泛的电池。

1839 年，英国的 Grove 发明了燃料电池，并用这种以铂黑为电极催化剂的简单的氢氧燃料电池点亮了伦敦讲演厅的照明灯。这是历史上关于燃料电池的首次成功应用，从此揭开了燃料电池应用的新篇章。1889 年 Mood 和 Langer 首先采用了燃料电池这一名称，并获得 200 毫安/平方米电流密度。由于发电机和电极过程动力学的研究未能跟上，燃料电池的研究直到 20 世纪 50 年代才有了实质性的进展。

燃料电池经历了碱性、磷酸、熔融碳酸盐和固体氧化物等几种类型的发展阶段，燃料电池的研究和应用正以极快的速度在发展。比如，AFC 已在宇航领域广泛应用，PEMFC 已广泛作为交通动力和小型电源装置来应用，PAFC 作为中型电源应用进入了商业化阶段，MCFC 也已完成了工业试验阶段，起步较晚但作为发电最有应用前景的 SOFC 已有几十千瓦的装置完成了数千小时的工作考核，相信随着研究的深入还会有新的燃料电池出现。

美日等国已相继建立了一些磷酸燃料电池电厂、熔融碳酸盐燃料电池电厂和质子交换膜燃料电池电厂作为示范。日本已开发了数种燃料电池发电装置供公共电力部门使用，其中磷酸燃料电池（PAFC）已达到"电站"规模。已建成了兆瓦级燃料电池示范电站进行试验，已就其效率、可运行性和寿命进行了评估，期望应用于城市能源中心或热电联供系统。日本同时建造的小型燃料电池发电装置，已广泛应用于医院、饭店和宾馆等。

二、高效的核能燃料电池

什么是核能？

核能又称原子能，是原子核中的核子重新分配时释放出来的能量。核能可分为三类：①裂变能，是指重元素（如铀、钍等）的原子核发生分裂时释放出来的能量；②聚变能，由轻元素（氘和氚）原子核发生聚合反应时释放出来的能量；③原子核衰变时发出的放射能。

核能是近几十年来才发展起来的最新能源，主要是依据"质能互变"的原理，即原子在物质中改变形态时，会释放出大量的能量，这种由于物质的质能改变而得到的能源，即是所称的"核能"。根据爱因斯坦的相对论，能量和质量可以互相转换，一千克重的物质，若全部以能的形式释放，则可得到相当于燃烧400万吨煤的热量。

2011年的日本地震之后福岛核电站1、2、3、4号机组接连发生事故，日本各地均监测出超出本地标准值的辐射量。在世界各地也检测出核辐射。一时间人心惶惶，核能的开发又该何去何从。

核能对人类的生存发展有着什么作用呢？

事实上，每种能源的开发利用都伴随着风险和弊端。例如，石油钻探过程中可能出现油井爆炸和原油泄漏；煤炭开发过程中可能出现矿难；利用太阳能需要占用大量土地；开发风能除占用土地之外，也产生噪音。在核能的开发利用过程中，公众最大的担忧在于，人为或极端环境因素有可能导致放射性核物质外泄，危害环境和人类健康。

不过，核能的诸多优点也是公认的：核能不会像煤炭和石油等化石燃料那样造成大气污染，也不会排放二氧化碳温室气体；核能稳定、高效，核燃料的能量密度是化石燃料的数百万倍；在正常运行情况下，核电站对周围公众产生的辐射剂量对健康并不构成威胁。

大量的研究和调查数据表明，正常运行的核电站对公众健康的影响远小于人们日常生活中常见的一些健康风险，例如吸烟和空气污染等。核能在医学、食品安全等领域也有广泛的用途。因此，核能实际上为人类解决能源和气候变化问题提供了一种经济有效的方案。

现在世界人口已超过 60 亿，而我国人口更多达 13 亿，联合国预言，在 2050 年世界人口将突破 90 亿。随着人口的迅速增长和经济的快速发展，对能源的需求也越来越大，而过度的需求最终将导致石油，煤炭等传统非可再生资源的消耗殆尽，因此，我们需要寻找一种新的清洁能源，并加以开发利用。

核能无疑成为了其中之一，利用核能发电的原理是：利用核反应堆中核裂变所释放出的热能进行发电的方式。核反应堆又称之为原子反应堆或反应堆，是装配了核燃料以实现大规模可控制裂变链式反应的装置。核反应堆（nuclear reactor）是能维持可控自持链式核裂变反应的装置。任何含有其核燃料按此种方式布置的结构，在无需补加中子源的条件下能在其中发生自持链式核裂变过程。核能发电与火力发电极其相似，只是以核反应堆及蒸汽发生器来代替火力发电的锅炉，以核裂变能代替矿物燃料的化学能。除沸水堆外（见轻水堆），其他类型的动力堆都是一回路的冷却剂通过堆心加热，在蒸汽发生器中将热量传给二回路或三回路的水，然后形成蒸汽推动汽轮发电机。沸水堆则是一回路的冷却剂通过堆心加热变成 70 个大气压左右的饱和蒸汽，经汽水分离并干燥后直接推动汽轮发电机。

下面是关于核能发电的优点：

（1）核能发电不像化石燃料发电那样向大气排放巨量的污染物质，因此核能发电不会造成空气污染。

（2）核能发电不会产生加重地球温室效应的二氧化碳。

（3）核能发电所使用的铀燃料，除了发电外，没有其他的用途。

（4）核燃料能量密度比起化石燃料高几百万倍，故核能电厂所使用的燃料体积小，运输与储存都很方便，一座 1 000 百万瓦的核能电厂一年只需 30 吨的铀燃料，一航次的飞机就可以完成运送。

（5）核能发电的成本中，燃料费用所占的比例较低，核能发电的成本较不易受到国际经济情势影响，故发电成本较其他发电方法更为稳定。

核能发电可能存在的问题：

（1）为核裂变链式反应提供必要的条件，使之得以进行。

（2）链式反应必须能由人通过一定装置进行控制。失去控制的裂变能不仅不能用于发电，还会酿成灾害。

（3）裂变反应产生的能量要能从反应堆中安全取出。

（4）裂变反应中产生的中子和放射性物质对人体危害很大，必须设法避免它们对核电站工作人员和附近居民的伤害。

（5）核能电厂会产生高低阶放射性废料，或者是使用过的核燃料，虽然所占体积不大，但因具有放射线，故必须慎重处理，且需面对相当大的政治困扰。

（6）核能发电厂热效率较低，因而比一般化石燃料电厂排放更多废热到环境中，故核能电厂的热污染较严重。

（7）核能电厂投资成本太大，电力公司的财务风险较高。

（8）核能电厂较不适宜做尖峰、离峰之随载运转。

（9）兴建核电厂较易引发政治歧见纷争。

（10）核电厂的反应器内有大量的放射性物质，如果在事故中释放到外界环境，会对生态及民众造成伤害。

从某种意义上讲，人类对核能的现实利用始于战争，而并非是开发利用清洁能源。核能的战争用途在于通过原子弹的巨大威力损坏敌方人员和物资，达到制胜或结束战争的目的。目前人类对核能的开发利用主要是发展核电，跟其他能源相比，核能具有明显的优势。核电站的开发与建设开始于 20 世纪 50 年代，1954 年，前苏联建成电功率为 5 000 千瓦的实验性核电站；1957 年，美国建成电功率为 9 万千瓦的希平港原型核电站；这些成就证明了利用核能发电的技术可行性。国际上把上述实验性和原型核电机组称为第一代核电机组。

20 世纪 60 年代后期以来，在试验性和原型核电机组的基础上，陆续建成电功率在 30 万千瓦以上的压水堆、沸水堆、重水堆等核电机组，它们在进一步证明核能发电技术可行性的同时，也证明核电的经济性可与火电、水电相竞争。20 世纪 70 年代，因石油涨价引发的能源危机促进了核电的发展，目前世界上商业运行的四百多座核电机组大部分是在这段时期建成的，称为第二代核电机组。

第三代核电设计开始于 20 世纪 80 年代，第三代核电站按照 URD 或 EUR 文件或 IAEA 推荐的新安全法规设计，但其核电机组的能源转换系统（将核能转换为电能的系统）仍大量采用了第二代的成熟技术，一般能在 2010 年前进行商用建造。从核电发达国家的发展动向来看，第三代核电是当今国际上核电发展的主流。

与此同时，为了从更长远的核能可持续发展着想，以美国为首的一些工业发达国家已经联合起来组成"第四代国际核能论坛"（GIF），进行第四代核能利用系统的研究和开发。第四代核能是指安全性和经济性都更加优越，废物量极少，无需厂外应急，并具有防核扩散能力的核能利用系统，其目标是到2030年后能进行商用建造。

近几十年来，核能已经为人类解决能源短缺问题作出了巨大贡献。核能作为一种清洁、稳定且有助减缓气候变化的能源，正为越来越多的国家所接受，在可预见的将来，在人类能源供应中会占有更重要地位。国际原子能机构的数据显示，未来20年内全球能源需求将增长50%，利用核能是大势所趋。2008年以来，全球开工建设的核电站数量逐年上升，目前全世界共有60多个国家考虑发展核能发电，预计到2030年，又将有10个至25个国家拥有核电站。

第三节　世纪新能源与环保的绿色革命

什么是"绿色革命"？

"绿色革命"一词，最初只是指一种农业技术推广，是20世纪60年代某些西方发达国家将高产谷物品种和农业技术推广到亚洲、非洲和南美洲的部分地区，促使其粮食增产的一项技术改革活动。

什么是"21世纪新能源与环保的绿色革命"？

人们对于"21世纪新能源与环保的绿色革命"中"绿色革

命"的理解通常会有一些偏差，认为"绿色革命"就是指新能源，如太阳能、风能、水能、核能等。事实上，"绿色革命"还指"绿色的生产方式"或者"地球更能承载的方式"，例如洁净煤技术，即利用"绿色技术"对传统能源进行"绿色革命"。对于人类而言，在未来很长一段时间内，新能源和传统能源不是取代和被取代的关系，而是互相补充的关系。而当今世界，随着人口的急剧增长及现代化的快速发展，对能源的需求量也是与日俱增，能源开发结构正由以石油为主导型向包括可再生能源在内的新能源结构转化。据统计，目前全球每年一次能源消费约为110亿吨石油当量，其中化石能源占总量的88%。由于能源结构调整和变化的周期较长，因此，在相当长一段时期内，传统的化石燃料仍将是世界能源生产消费的主体。

目前，由于使用传统化石燃料排放出的大量温室气体被认为是造成全球气候变暖的最主要原因，且化石燃料的不可再生性和引发不断恶化的环境污染，促使各国加强在能源领域的科技创新，努力寻求替代性能源技术。在此背景下，让传统能源也"绿起来"，使传统能源的生产和消费也更加高效、更加清洁、更加"绿色"，成为一股新的潮流。全球范围内的学者、政治领袖及各阶层开始进一步认识到革新传统能源的重要性。世界上主要发达国家为适应其能源政策和环境政策及开拓国际市场的需要，不惜投入巨资，积极发展洁净煤等绿色技术。

第七章 动力电池：奏响
新能源汽车序曲

虽然正值金融海啸，全球汽车产业正处于不景气的整体环境中，2009年首季举办的两个A级车展——北美车展和日内瓦车展，虽然参展商有所减少，但新能源汽车却强势不减。

"绿色汽车"是此次北美车展的主题，今年展出的新能源车数量高于上届，其中有克莱斯勒公司展出的五辆串联插电式混合动力车，该公司称之为增程式电动车和纯电动车。有美国特斯拉汽车公司售价为10.09万美元的电动跑车，丰田FT－EV电动概念车，我国比亚迪汽车公司e6纯电动车和F3DM、F6DM双模电动车等。丰田展出第三代普锐斯混合动力车，雷克萨斯混合动力车HS250h受人关注。本田展出第四代混合动力系统和Insight混合动力车。美国加州菲斯科（Fisker）汽车公司展出卡玛S混合动力车。宝马集团展出MINI E电动车等。

日内瓦车展作为世界上举足轻重的六大车展之一，素有"国际汽车潮流风向标"之称，今年的日内瓦车展的主题是绿色科技，新能源车成为此次车展的关注点。此次车展展出了利用天然气、电力、氢燃料等新型能源的汽车。宝马、奔驰集团带来众多创新车型，表明了合理利用自然资源的责任感。欧宝在Volt系统平台上打造了全新串联插电式混合动力车型。

第一节　富足的动力电池

根据动力电池的使用特点、要求、应用领域不同，国内外动力电池的研发历史大致如下：

（1）第一代动力电池主要是铅酸电池，其优点是具有高的开路电压、大电流放电性能良好、使用可靠、原材料资源丰富、价格低廉、电池回收率高。在电动自行车、电动摩托车上得到广泛应用，缺点是质量比能量低，主要原材料铅有污染。目前在纯电动车上应用的电池主要是铅酸电池。Ectreosorce公司，德国阳光公司，美国Arias公司，美国BPC公司以及瑞典OPTL-MA公司都在进行车用铅酸动力电池的研究，通过各自的技术取得了较好的进展。

（2）第二代动力电池主要是碱性电池，如镍镉（Ni-Cd）电池、镍氢（Ni-MH）电池。Ni-Cd电池由于存在镉的污染，欧盟各国已禁止其用于动力电池，Ni-MH电池的价格明显高于铅酸电池，目前是混合电动车HEV的主要动力电池。日本松下能源公司已为HEV提供了1 000万只以上的Ni-MH电池，由于价格等问题，Ni-MH电池在电动自行车的应用中缺乏市场竞争力。镍氢电池的技术成熟，充放电循环性能好、安全性较好、具有高能量和高功率的特性；其缺点是镍氢电池的物质"活性"

较强、容易外逸、封装技术要求很高，同时镍氢电池在高温条件下，充放电效率较低，副反应较大，严重影响电池的续驶里程，因此需要提高电池的高温充放电性能。而提高镍氢电极的高温性能是改善电池高温性能的关键。通过提高高温充放电性能，镍氢充电池在电动汽车的应用方面将取得很大的发展。

（3）第三代动力电池主要是锂离子电池（LIB）和聚合物锂离子电池（PLIB），其能量密度均高于第一代铅蓄电池和第二代碱性电池。聚合物锂离子电池的比能量达到200瓦时/千克，单体电池电压高达3.6伏，其安全问题解决以后是最具竞争力的动力电池。锂离子电池以其高比能量，自放电少，循环寿命长，无记忆效应和绿色环保等特点备受关注。目前锂离子电池主要有以下材料：钴酸锂、锰酸锂和磷酸铁锂等。

钴酸锂是第一代商业化的锂离子电池，具有很多优点：比能量高，性能稳定，体积比能量高，高低温放电容量稳定。缺点是安全性差，价格昂贵，污染环境。目前商业化的小型动力锂离子电池的材料主要是钴酸锂。

锰酸锂的优点是具有较高的电压平台、较高的安全性能以及低廉的价格。缺点是比容量较低，循环性能较差，高温循环性能差。目前已知的全球主流车厂宣布的锂动力汽车，几乎都采用锰酸锂动力电池。日本的丰田、日产、本田、三菱正研制锰酸锂作为电动汽车的动力电池。美国福特、法国雷诺等汽车厂商对锰酸锂动力电池进行了很久的测试。国内的北京大学新能源材料与技术实验室及中信国安盟固利公司几年来致力于新型动力用锂离子二次电池的研制，最近分别在电池关键材料锰酸锂的合成及动力电池技术研究方面取得了突破性进展。其研究的动力电池电动公交车及小型电动客车参加了由法国的米其林公司在上海主持举办的国际清洁能源车"必比登"挑战赛，取得了优异的成绩。他们在北京奥运期间为50多辆奥运纯电动公交车提供全部动力锂电池和技术服务、成功保障了世界首次大规模纯电动公交车"零排放""零故障"安全运行，引起全球同行的广泛关注。海马计划在2011年推出纯电动汽车和油电混合汽车，采用大功率、高能量的锰酸锂电池组为其提供电能。

　　近年来，磷酸铁锂逐渐成为动力电池的研究热点，它具有安全性高，循环性能好，绿色环保，价格低廉等优点。缺点是电压平台低，振实密度低，倍率电流低，低温放电性差，这些缺点成为制约磷酸铁锂商业化的瓶颈。近年来，低温性能和倍率电流方面的研究取得了很大的突破。日本三井公司生产的磷酸铁锂最高可以进行20C倍率的充放电，在3C倍率下充放电500次的容量保持90%以上。法国的SAFT公司生产的磷酸铁锂可以进行150C充放电。目前，世界上性能最高的磷酸铁锂是由麻省理工学院（MIT）研制的A123。通用汽车和奇异共同开发汽车与公交车用的磷酸铁锂电池模块采用A123，通用在2008年初展出的yoltConeept概念电动车，其电源系统由通用与美国Cobasys公司联合开发，其中的磷酸铁锂动力电池就是由A123生产的。在国内，万向电动汽车有限公司在磷酸铁锂动力电池开发方面走在了前列，已成功开发了电动轿车、电动公交车、双能源电车、电动电力工程车及服务车等车型，装备自主开发的聚合物锂离子动力电池和动力系统的纯电动公交车在杭州西湖

Y9 公交线路已经运行 3 年。比亚迪汽车也预计采用磷酸铁锂作为动力电池推出混合动力汽车。

（4）第四代动力电池主要是质子交换膜燃料电池（PEM-FC）和直接甲醇燃料电池（DMFC）。其特点是无污染，放电产物为水（H_2O），是真正的电化学发电装置。以 H_2 和 O_2 或甲醇作为燃料，直接转化为电能作为车载动力，而前面所说的铅酸电池、镍氢电池和锂离子电池均属于电能的转换和储能装置，电池本身并不发出电能，必须对电池进行充电，将电能转换成化学能，在使用时再将化学能转变为电能作为车载动力，所以这类电池目前仍然要消耗由矿物燃料产生的电能。

燃料电池（Fuel Cell）是一种将存在于燃料与氧化剂中的化学能直接转化为电能的发电装置。燃料和空气分别送进燃料电池，电就被奇妙地生产出来。它从外表上看有正负极和电解质等，像一个蓄电池，但实质上它不能"储电"，而是一个"发电厂"。燃料电池是车载动力的最经济、最环保的解决方案，但是要实现商业化还有许多问题需要解决，如价格昂贵、采用贵金属铂、铑作为催化剂、氢的储存运输、电池寿命等问题。

第二节　新能源汽车

混合动力汽车的优点是：

（1）采用混合动力后可按平均需要的功率来确定内燃机的最大功率，此时处于油耗低、污染少的最优工况下工作。当需要大功率而内燃机功率不足时，由电池来补充；负荷少时，富余的功率可发电，从而给电池充电，由于内燃机可持续工作，电池又可以不断得到充电，故其行程和普通汽车一样。

（2）因为有了电池，可以十分方便地回收制动时、下坡时、怠速时的能量。

（3）在繁华市区，可关停内燃机，由电池单独驱动，实现"零"排放。

（4）有了内燃机可以十分方便地解决耗能大的空调、取暖、除霜等纯电动汽车难题。

（5）可以利用现有的加油站加油，不必再投资。

（6）可让电池保持在良好的工作状态，不发生过充、过放，延长其使用寿命，降低成本。

第三节　新能源汽车时代

公开资料显示，日本丰田公司计划 2010 年生产混合动力汽车 100 万辆，2020 年全部汽车装上 HEV 装置。而上海大众交通集团计划在 2012 年实现其麾下全部公交车（约 6 000 辆）改换为电池电容混合动力汽车。发展电动汽车，成为了当下众多汽车公司的发展方向和选择。

为应对全球能源危机，西方发达国家已经摸索出了"以煤为主—以油为主—以电为主"的能源消费新路子，"以电代油"正在成为缓解全球能源紧缺的一个发展趋势。从国内看，我国能源供需矛盾日益突出、对外依存度不断提高，其中，汽车油类消耗量就占了全国石油消耗总量的三分之一，发展清洁新能源汽车是能源转型的必然选择。

新能源汽车之路还有多远？对于汽车行业而言，新能源汽车既有洗刷自身排污大户名声的需要，又有冲击汽车强国的条件，那么老百姓能否接受新能源汽车呢？普通民众对新能源汽车真正了解多少？新能源汽车的优势又在哪里？

一、给新能源正名

哥本哈根气候大会召开之后，"新能源"、"低碳"成为舆论的焦点，不仅受到人们追捧，而且其中所蕴藏的无限商机也成为各大行业与商家纷纷追逐的又一热点。

二、新动力汽车的悲与喜

（一）纯电动汽车

电动汽车顾名思义就是主要采用电力驱动的汽车，大部分车辆直接采用电机驱动，有一部分车辆把电动机装在发动机舱内，也有一部分直接以车轮作为四台电动机的转子，其难点在于电力储存技术。电动汽车本身不排放污染大气的有害气体，即使按所耗电量换算为发电厂的排放，除硫和微粒外，其他污染物也显著减少。由于电厂大多建于远离人口密集的城市，对人类伤害较少，而且电厂是固定不动的，集中的排放对清除各种有害排放物较容易，并且已有了相关技术。由于电力可以从多种一次能源获得，如煤、核能、水力、风力、光、热等，解除人们对石油资源日渐枯竭的担忧。电动汽车还可以充分利用晚间用电低谷时富余的电力充电，使发电设备日夜都能充分利用，大大提高其经济效益。有关研究表明，同样的原油经过粗炼，送至电厂发电，经充入电池，再由电池驱动汽车，其能量利用效率比经过精炼变为汽油，再经汽油机驱动汽车高，因此，电动汽车有利于节约能源和减少二氧化碳的排放量，正是这些优点，使电动汽车的研究和应用成为汽车工业的一个"热点"。有专家认为，对于电动车而言，目前最大的障碍就是基础设施建设以及价格影响了产业化的进程，与混合动力相比，电动车更需要基础设施的配套，而这不是一家企业能解决的，需要各企业联合起来与当地政府部门一起建设，才会有大规模推广的机会。电动汽车的优点有：技术相对简单成熟，只要有电力供应的地方都能够充电；其缺点是：目前蓄电池单位重量储存的能量太少，而且电动车的电池较贵，且未形成经济规模，故购买价格较贵，至于使用成本试用结果有些比汽车贵，有些仅为汽车的1/3，这主要取决于电池的寿命及当地的油、电价格。而长距离高速行驶基本不能省油。

（二）燃料电池汽车

燃料电池汽车是指以氢气、甲醇等为燃料，通过化学反应产生电流，依靠电机驱动的汽车。该电池是通过氢气和氧气的化学作用，而不是经过燃烧，直接将化学能变成电能的。燃料电池的化学反应过程不会产生有害产物，因此，燃料电池车辆是无污染汽车，燃料电池的能量转换效率比内燃机要高 2～3 倍，因此从能源的利用和环境保护方面，燃料电池汽车是一种理想的车辆。单个的燃料电池必须结合成燃料电池组，以便获得必需的动力，满足车辆使用的要求。近几年来，燃料电池技术已经取得了重大的进展。世界著名汽车制造厂，如戴姆勒—克莱斯勒、福特、丰田和通用汽车公司已经宣布，计划在 2004 年以前将燃料电池汽车投向市场。目前，燃料电池轿车的样车正在进行试验，以燃料电池为动力的运输大客车正在北美的几个城市中进行示范项目研究。在开发燃料电池汽车中仍然存在着技术性挑战，如燃料电池组的一体化，提高商业化电动汽车燃料处理器和辅助部件的汽车制造厂都在朝着集成部件和减少部件成本的方向努力，并已取得了显著的成果。与传统汽车相比，燃料电池汽车具有以下优点：

（1）零排放或近乎零排放。

（2）减少了机油泄露带来的水污染。

（3）降低了温室气体的排放。

（4）提高了燃油经济性。

（5）提高了发动机燃烧效率。

（6）运行平稳、无噪声。

（三）氢动力汽车

氢动力汽车是一种真正实现零排放的交通工具，排放出的物质是纯净水，具有无污染，零排放，储量丰富等优势，因此，氢动力汽车是传统汽车最理想的替代方案。与传统动力汽车相比，氢动力汽车成本至少高 20%。中国长安汽车在 2007 年完成了中国第一台高效零排放氢内燃机点火，并在 2008 年北京车展上展出了自主研发的中国首款氢动力概念跑车"氢程"。随着"汽车社会"的逐渐形成，汽车保有量不断地呈现上升趋势，而石油等资源却捉襟见肘，同时，吞下大量汽油的车辆不断排放着有害气体和污染物质。最终的解决之道当然不是限制汽车工业发展，而是开发替代石油的新能源。当燃料电池车的四轮快速又安静地滚过路面，辙印出新能源的名字——氢。几乎所有的世界汽车巨头都在研制新能源汽车。电曾经被认为是汽车的未来动力，但蓄电池漫长的充电时间和过大重量使得人们渐渐对它兴味索然。然而，由于目前（指2009年）的电与汽油合用的混合动力车只能暂时性地缓解能源危机，只能减少但无法摆脱对石油的依赖。这个时候，氢动力燃料电池的出现，犹如再造了一艘诺亚方舟，让人们从危机中看到无限希望。以氢气为汽车燃料这种说法刚提出时令人很吃惊，但事实上这是有根据的。氢具有很高的能量密度，释放的能量足以使汽车发动机运转，而且氢与氧气在燃料电池中发生化学反应只生成水，没有污染。因此，许多科学家预言，以氢为能源的燃料电池是21世纪汽车的核心技术，它对汽车工业的革命性意义，相当于微处理器对计算机业那样重要。氢动力汽车的优点是：排放物是纯水，行驶时不产生任何污染物；其缺点是：氢燃料电池成本过高，而且氢燃料的存储和运输按照目前的技术条件来说非常困难，这是因为氢分子非常小，极易透过储藏装置的外壳逃逸。另外，最致命的问题是，氢气的提取需要通过电解水或者利用天然气，如此一来同样需要消耗大量能源，除非使用核电来提取，否则无法从根本上降低二氧化碳的排放量。

（四）燃气汽车

燃气汽车是指用压缩天然气（CNG）、液化石油气（LPG）和液化天然气（LNG）作为燃料的汽车。近年来，世界上各国政府都积极寻求解决这一难题的办法，开始纷纷调整汽车的燃料结构。燃气汽车由于其排放性能好，可调整汽车燃料结构，运行成本低、技术成熟、安全可靠，所以被世界各国公认为当前最理想的替代燃料汽车。目前，燃气仍然是世界汽车代用燃料的主流，在我国代用燃料在汽车燃料中占到90%左右。美国的目标是，到2010年，公共汽车领域有7%的汽车使用天然气，50%的出租车和班车改为专用天然气汽车；到2010年，德国天然气汽车数量将达到10万至40万辆，加气站将由目前的180座增加到至少300座。业内专家指出，替代燃料的作用是减轻并最终消除由于石油供应紧张带来的各种压力以及对经济发展产生的负面影响。近期，中国仍将主要使用压缩天然气、液化气、乙醇汽油作为汽车的替代燃料。汽车代用燃料能否扩大应用，取决于中国替代燃料的资源、分布和可利用情况，替代燃料生产与应用技术的成熟程度以及减少环境污染等；替代燃料的生产规模、投资、生产成本和价格决定着其与石油燃料的竞争力；汽车生产结构与设计改进必须与燃料相适应。以燃气替代燃油将是中国乃至世界汽车发展的必然趋势，我国应尽快组织力量，制定出国家级燃气汽车政策。考虑到我国能源主要是石油的状况，发展包括燃气汽车在内的各种代用燃料汽车，已是刻不容缓的事。根据国情应该做到：

（1）要限制燃气价格，使油、气价格之间保持合理的差价，如四川省、重庆市的油、气差价，即可保证燃气汽车适度发展；

（2）鉴于加气站投资大，回收期长，政府适当给予一定补贴，在加气站售出的气价和汽车用户因用气节省的燃料费用之间，调节好利益分配；

（3）对加气站的所得税，应参照高新技术产业开发区政策，采取免二减三的税收政策；

（4）将加气站用电按照特殊工业用电对待，电价从优；另外，对加气站用地，按重大项目和环保产业对待，特事特办，不要互相推诿，积极采用国外先进建站标准，科学确定消防安全距离，节省土地资源。

（五）生物乙醇汽车

乙醇俗称酒精，通俗地说，使用乙醇为燃料的汽车，也可叫酒精汽车。用乙醇代替石油燃料的历史已经很长，无论是在生产上和应用上，其技术都已经很成熟，特别是近来由于石油资源紧张，汽车能源多元化趋向加剧，乙醇汽车又提到议事日程。目前世界上已有 40 多个国家，不同程度地应用乙醇汽车，有的已达到较大规模的推广，乙醇汽车的地位日益提升。在汽车上使用乙醇，可以提高燃料的辛烷值，增加氧含量，使汽车缸内燃烧更完全，可以降低尾气中有害物质的排放。乙醇汽车的燃料应用方式主要有五种：

（1）掺烧，指乙醇和汽油掺和应用。在混合燃料中，乙醇容积比例以"E"表示,如乙醇占 10%,15%,则用 E10,E15来表示,目前,掺烧在乙醇汽车中占主要地位。

(2)纯烧,即单烧乙醇,可用 E100% 表示,目前应用并不多,属于试行阶段;

(3)变性燃料乙醇,指乙醇脱水后,再添加变性剂而生成的乙醇,这也是属于试验应用阶段;

(4)灵活燃料,指燃料既可用汽油,又可以使用乙醇或甲醇与汽油按比例混合的燃料,还可以用氢气,并随时可以切换。如福特、丰田汽车均在试验灵活燃料汽车(FFV)。

第四节　中国的新能源汽车

中国新能源汽车产业始于 21 世纪初。2001 年,新能源汽车研究项目被列入国家"十五"期间的"863"重大科技课题,并规划了以汽油车为起点,向氢动力车目标挺进的战略。"十一五"以来,我国提出"节能和新能源汽车"战略,政府高度关注新能源汽车的研发和产业化。2008 年,新能源汽车在国内已呈全面出击之势,2008 年成为我国"新能源汽车元年"。2008 年 1～12 月新能源汽车的销量增长主要是乘用车的增长,1～12 月新能源乘用车销售 899 台,同比增长 117%,而商用车的新能源车共销售 1 536 台,1～12 月同比下滑 17%。2009 年,在密集的扶持政策出台的背景下,我国新能源汽车驶入快速发展轨道。虽然新能源汽车在中国汽车市场的比重依然微乎其微，但它在中国商用车市场上的增长潜力已开始释放。2009 年 1 ~ 11 月，新能源乘用车销量同比下降 61.96%，增加至 310 辆。2009 年 1 ~ 11 月，新能源商用车——主要是液化石油气客车、液化天然气客车、混合动力客车等——销量同比增长 178.98%，增加至 4034 辆。与乘用车市场冷遇相比，"新能源汽车"在中国商用车市场已开始迅猛增长。2010 年，我国加大对新能源汽车的扶持力度，2010 年 6 月 1 日起，国家在上海、长春、深圳、杭州、合肥等 5 个城市启动私人购买新能源汽车补贴试点工作。2010 年 7 月，国家将十城千辆节能与新能源汽车示范推广试点城市由 20 个增至 25 个，新能源汽车正进入全面政策扶持阶段。在能源和环保的双重压力下，新能源汽车无疑将成为未来汽车的发展方向。"十二五"期间，我国新能源汽车将正式迈入产业化发展阶段：2011 ~ 2015 年开始进入产业化阶段，在全社会推广新能源城市客车、混合动力轿车和小型电动车。"十三五"期间，即 2016 ~ 2020 年，我国将进一步普及新能源汽车、多能源混合动力车，插电式电动轿车和氢燃料电池轿车将逐步进入普通家庭。

新能源汽车已不再是单纯的概念，即将驶入它的发展"快车道"。而动力电池作为其核心部分，亦是"前途无量"。自 2009 起，国际原油价格便不断刷新纪录，最高曾达每桶 147 美元。"高油价时代"把汽车产业推向了一个十字路口，生产更环保、更省油的新能源汽车，理所当然地成为汽车业迫切发展的新趋势。

第五节　巴菲特看好新能源汽车

无宝不押，以长期投资见长的巴菲特在抄底收购美国高盛银行后，通过旗下美中能源公司投资 18 亿元港币收购了中国最大的充电电池制造商比亚迪公司的 10% 股份。关于巴菲特对比亚迪的青睐，业界普遍认为巴菲特主要是相中了比亚迪的新能源业务。

2008 年 10 月 6 日，巴菲特入股比亚迪仅一周，比亚迪便出资 2 亿元收购了电动汽车产业链的上游企业宁波中纬，为其做大电动汽车的宏伟战略布局再添一笔。一向低调的比亚迪董事长王传福曾豪情壮志地表示："比亚迪要在 2015 年成为全国第一汽车企业，在 2025 年成为全世界第一!"显然，动力汽车是他最大的机会。相关资料显示，比亚迪 F3DM 双模可充电混合动力电动汽车已在 2008 年 12 月份上市，售价在 15 ~ 17 万元。巴菲特的投资，向来起着"风向标"的作用。在巴菲特投资比亚迪的刺激下，沪深股市中以科力远、德赛电池等为首的动力电池题材股集体逆市上行，成为市场为数不多的亮点之一。作为清洁能源的代表，动力电池集节能、环保和可循环利用等诸多优点于一身，是动力汽车实现产业化运作的核心所在，且技术已经日趋成熟，并被市场看好，将有可能成为金融危机后的黄金产业。

第六节　发展中的新能源汽车

电动汽车分为燃料电池电动汽车（FCEV）、混合动力电动汽车（HEV）和纯电动汽车（EV）3大主要类型。它们虽代表着新能源汽车主要的未来发展方向，但限于相关技术的发展程度及其制造成本差别，也将展现出不同的未来。

燃料电池电动汽车，是指以氢为动力的燃料电池汽车。对于燃料电池电动汽车来说，氢的制取成本是最为核心的技术难题，但现在尚未找到能够低成本制氢的技术。当前燃料电池小客车的价格大约为100万美元/辆，大客车价格为250万美元～300万美元。燃料电池电动汽车虽是个"热点"，但当前也只是"看起来很美"。

日本丰田汽车公司是较早涉足燃料电池电动汽车领域的企业之一，但该公司曾表示："除非在燃料电池堆和氢存储系统的成本方面有所突破，否则燃料电池电动汽车最早也要到2030年才能大量生产。"在王传福看来，燃料电池要达到商业化应用起码还需要20年时间。专家们也认为，以氢为动力的燃料电池电动汽车是未来汽车业的终极目标，但在这之前还有相当长的一段路要走。

混合动力汽车是指同时使用汽油驱动和电力驱动两种驱动方式的汽车，其优点在于车辆启动和停止时，只靠发电机带动，不达到一定速度，发动机就不工作。混合动力汽车总体上可以节能 20% ~40%。丰田、本田等日本几大汽车公司由于在混合动力方面起步早且投入巨大，抢得了市场的先机。2008 年上半年，日本丰田汽车的混合动力车 PRIUS 系列产品的销量凭借低油耗的卖点取得了翻一番的骄人业绩，2008 年 3 月份还曾荣登北美市场丰田最畅销汽车品牌宝座。此外，丰田汽车还计划在当年四季度与中国一汽合作，在中国大陆市场推出混合动力车 PRIUS 系列产品。

相对现有传统汽车来说，混合动力汽车既环保又经济。在专家看来，21 世纪上半叶，混合动力汽车将与纯动力汽车、燃料电池汽车长期并存，但混合动力汽车将占据主导地位。从长远来看，由于混合动力汽车未能完全摆脱对石油的依赖，所以只能是新能源汽车时代的一种过渡类型，被纯动力汽车替代的宿命迟早会到来。

纯动力汽车，也就是单纯靠电力驱动的汽车。国家"十一五"、"863"节能与新能源汽车重大项目总体组专家欧阳明认为："从产业发展上看，我们拥有一定的纯电动汽车技术优势，是我们超越国外的唯一突破口。"

一直有心于整车生产的万向集团也同样看好纯动力汽车。在鲁冠球看来，未来的汽车一定是纯电动的。事实上，自 1999 年，万向便已从新能源汽车的关键部件——电池、电机和电控入手，启动了纯电动汽车的前期研发和孵化。10 年间，万向前后承担了 5 项"863"相关项目和多项浙江省项目。2004 年，在"万向造"纯电动汽车中就有 5 辆 Y9 旅客车在杭州上线运行。

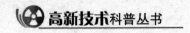

第七节　崛起的动力电池业

电动汽车是未来发展方向，而动力电池作为动力汽车的关键组件，其市场需求必然伴随电动汽车的崛起而迅速增长起来，其投资价值或许近几年内便能得到体现。

"动力电池将会迅速发展起来，成为一个大产业。"高级经济师、浙江诺力电源有限公司总经理张盘方告诉《浙商》记者。

动力电池主要有铅酸电池、镍氢电池、锂离子电池 3 大类型。目前，铅酸电池不管是在技术上还是在产业上均已非常成熟，但由于性能及环保原因，目前只应用于低端领域，主要是应用于电动自行车。对于电动汽车而言，动力电池的发展方向在镍氢电池和锂离子电池上。

目前，镍氢电池在动力电池应用领域处于领先地位。从国际上看，丰田汽车公司的镍氢电池组技术已经非常成熟，目前丰田公司的 HEV 汽车年产量已达到 55 万辆。由丰田与松下合资成立的 PEVE 公司，正在日本静冈地区投资 1.92 亿美元建设一座镍氢电池工厂，以保证丰田 HEV 汽车对镍氢电池的需求。

在国内，南科力远作为世界上最大的泡沫镍生产制造商，也已朝镍氢电池发展，全力进军镍氢电池组领域。2008 年 7 月 21 日，科力远联合超霸科技（香港）有限公司成立了南科霸汽车动力电池有限公司。据了解，南科霸首期建设生产线设计产能为月产供 1 500 台、年产供 18 000 台电动汽车使用电池的规模。科力远证券事务代表杜传武认为，到2010年动力电池的市场需求将会暴涨，"所以我们在此之前，就是要把汽车动力电池组的产能做出来。"

但国内专家大多认为，镍氢电池接下来会被锂离子电池取代。锂离子电池将取代镍氢电池的老大地位并将"大有作为"。

从理论上讲，"一个是开始，一个是结束"，这句话恐怕是对锂离子电池和镍氢电池两者宿命的最好表达。张盘方认为："镍氢电池最多还有 3～5 年的活头，原因是锂离子各方面的性能比镍氢离子好很多，但两者价格却相差不大。电动汽车的电池组接下来必然是以锂离子为主。"

在 2008 年北京奥运会上，用于接送运动员的 50 辆电动汽车可谓"风光无限"，这些电动车采用的就是锂离子电池，由国内最大的锂离子电池生产商中信国安盟固利（以下简称 MGL）提供。据悉，这种电动公交车充电时间短，3 个小时充电量即可达到 95%，每充电一次即可运行 200～400 公里，每充 500 次电池容量才会衰减 8.3%，其运行成本仅为燃油车的 1/5。

在国内，比亚迪、盟固利等企业的锂离子技术已经比较成熟，极有可能成为将锂离子电池大规模产业化生产的"排头兵"。

伴随着电动汽车及动力电池的崛起，马路上的汽车将有可能不再"冒烟"，动力电池租赁、电动汽车充电站等一系列新生面孔也将出现在我们面前，而这背后需要一条庞大的产业链来支撑。过去 30 年的经验告诉我们，"获得先机"对企业的发展很重要。面对接下来的壮观局面，浙商们应该提前做好"掘金"

的准备。

动力电池的科研工作随着全球能源形势的紧张和人类环境保护意识的提高正如火如荼地在世界范围内展开。当前，动力电池的研发热点主要集中在锂离子电池，质子交换膜燃料电池等类型，汽车上的应用形式则以混合动力车为主。动力电池的研发速度和成熟程度对于电动汽车在市场上实现商业化的进程来说，有至关重要的影响，为此，动力电池系统的研发一直得到各国政府、科研机构的关注。动力电池的研发经历了两个典型的阶段：首先是燃料电池的开发热潮，从最初燃料电池概念的提出，到燃料电池催化剂铂载量的减小，到燃料电池制作工艺的更新突破，以致到当前，质子交换膜燃料电池独领风骚成为燃料电池的主流，由此燃料电池的研究进入了稳步发展的状态；其次，锂离子电池在电动车上应用的开发热潮一直也不逊色于燃料电池，在经历了对锂材料的选择之后，锂离子电池在电池安全性、材料成本等方面有了许多新的、积极的突破，这些亮点牢牢吸引着电动车开发商的眼球。无论是当前在研发程度上有较多优势的质子交换膜燃料电池，还是锂离子电池，都是动力电池的典型代表，它们具有动力电池的普遍特点，其中，可实现大电流放电是动力电池的重要特征。大电流放电可以理解为放电电流密度可达到200毫安/平方厘米，甚至更高。相对于当前已经成熟应用的小电流电池，动力电池需具备可在大电流放电状态下稳定工作的特质，因此，从研发的角度来说，我们更多的是关注大电流状态下，电池为实现设定功能所需的根本保障技术。

对于成熟应用的小电流电池，研发主要关注容量，存放，密封等指标。这类电池的主要特点是可实现小电流放电，放电平台平稳，存放时间久，密封性好。同时，因为放电电流小，所以由内阻引起的欧姆损失很小，欧姆损失对电池效能的影响所占比例很小，对电池的影响不是非常明显。但是对于动力电池来说，大电流是放电的典型特征，在大电流放电的前提下，保障电池容量和功率是动力电池在电动车上应用时需要提高的重要参数。大电流状态下，内阻的影响比较突出。比如燃料电池、镍氢电池、锂离子电池等在作为动力电池使用时，不同程度地遇到热管理的问题，电池在工作过程中的产热问题是影响电池工作效率的重要因素之一，电池产生的热量多是由内阻消耗能量放出的热。由此可见，对动力电池内阻的考察成为动力电池真正实现实用化必须要解决的重要课题之一。

回顾动力电池的研发历史，尤其是以典型的燃料电池为例，无论是固体氧化物燃料电池还是目前普遍看好的质子交换膜燃料电池，都经历着一个以催化剂为主题的研发过程。无论是催化剂的选择还是催化剂用量的减少，过程都凝聚着科研工作者开发动力燃料电池的心血。伴随着催化剂已普遍选定为铂，并且铂载量不断地降低，燃料电池研发的焦点也集中在了大电流放电状态下的传质速率问题上。经过尝试和研究，人们发现对于电流密度低于200毫安/平方厘米的动力电池，传质并不是瓶颈问题。氧气的供应、生成物和反应物的扩散等传质因素，在电流密度没有达到非常高的状态下，不会成为制约电池放电效能发挥的决定性因素，而在对电池进行更加深入地研究后发现，电池的内阻问题应是当前阶段动力电池在技术上遇到的瓶颈问题。以下从实验和理论推导两方面验证电池内阻是影响电池放电效能的重要因素。

目前,电动汽车上普遍采用,同时也是较具发展潜力的动力电池有3种:铅蓄电池、镍氢电池和锂电池。要谈及它们各自的综合表现,就不得不提及两个概念,一个是比能量,另一个是比功率,说得简单点,就是分别指电池的可持久性和力量大小。比能量高的动力电池就像龟兔赛跑里的乌龟,耐力好,可以长时间工作,持续释放较多的能量,续航里程长;比功率高的动力电池就像百米竞技里的博尔特,速度快,力量大,具有很强的爆发力,可以保证汽车有良好的加速性能。显而易见,只有比能量高、比功率大且价格便宜,易于维护的动力电池才是电动汽车主能量源的首选。

第八章　新动力电池的机遇与挑战

科学技术是人类文明进步的阶梯。历史上每一次科技革命的发生，都使人类社会发生了翻天覆地的变化。然而，科技革命也给我们带来了前所未有的挑战。在当今世界，科学技术为世界各国创造了一个又一个发展机遇，科学技术对社会发展所起的巨大推动作用更加清晰地展现在人们的面前。

第一节　机遇与挑战共存

当前世界，石油、煤矿等资源将加速减少。核能、太阳能即将成为主要新能源，另外包括了太阳能、风能、生物质能、地热能、核聚变能、水能、海洋能以及由可再生能源衍生出来的生物质燃料和氢所产生的能量。也可以说，新能源包括各种可再生能源和核能。相对于传统能源，新能源普遍具有污染少、储量大的特点，对于解决目前世界上严重的环境污染问题和资源（特别是化石能源）枯竭问题具有重要意义。同时，由于很多新能源分布均匀，对于解决由能源引发的战争问题也有着重要影响。

新能源资源潜力大，环境污染小，可永续利用，是有利于人与自然和谐发展的重要能源。近年来，面对传统能源供需日益失衡、全球气候日益变暖的严峻局势，世界各国纷纷加大新能源和能源新技术开发与利用的支持力度。将新能源应用于研究新动力电池，给人类带来机遇的同时也带来巨大的挑战。

第二节　新动力电池面临的挑战

一、新动力电池开发面临的技术难题

车用动力蓄电池的成本一般都很高，蓄电池运行中需要维护，寿命期满后需要更换和回收。目前国内动力蓄电池主要存在的问题：

（1）动力蓄电池安全性能没有彻底解决。大多数厂家的动力蓄电池均带有安全阀装置，但经过测试表明，安全阀在达到一定压力时会喷出大量液体，但喷出的液体对整个蓄电池组的影响还有待研究。

（2）动力蓄电池的一致性有待提高。目前，大多数蓄电池组在出厂前都进行了很好的性能匹配，但在使用一段时间后，蓄电池组的分散较为严重，一致性变差。主要原因是国产动力蓄电池生产工艺自动化程度不高，人为因素影响较大；其次是原材料的控制不够严格。

（3）蓄电池管理系统与动力蓄电池的匹配性问题。应避免

由于蓄电池管理系统出现问题而导致的动力蓄电池安全隐患及蓄电池一致性变差。

（4）研发技术实力和实验测试条件较弱。尽管动力蓄电池建厂的投入很大，但真正投入到技术研发和先进实验设备上的却很少。

（5）蓄电池成组技术有待提高。在成组过程中，不仅需要单体电池性能匹配，还需考虑连接线走线美观，电器件连接合理，蓄电池组维修方便等。

（6）动力蓄电池厂家没有自己的技术和研发实力，通过模仿国内或国外其他厂家蓄电池的生产工艺和外形设计，知其然不知其所以然。

（7）蓄电池成本依然较高。

（8）目前动力蓄电池还没有一个明确的国家检验标准或行业标准。

（9）我国动力蓄电池生产设备比较落后，很多企业将注意力放在材料上，忽略了制造设备的研究和改善。

二、应对挑战的思路

我们目前最主要的问题是"怎么把蓄电池做好？"

1. 关键性能决定系统安全性

不同应用对蓄电池系统有不同的要求，汽车动力、储能应用的基本要求是：大容量、高电压、可适应恶劣环境、要求寿命长等。诺莱特科技（苏州）有限公司技术总监吴晓东博士认为，对于大容量、高电压系统，安全性能要成为首要的考虑因素，但这个问题的解决面临很大的挑战。首先，隔膜的热关闭机制在一定程度上起了高温防护作用，但这种作用很有限。隔膜的热关闭能阻止蓄电池在高温下进一步反应，但关闭温度超过130℃，已经接近可以引发进一步化学反应的条件，同时隔膜会在稍高温度下发生破裂，从而引起正负极直接接触而短路。同时，即使是隔膜上的一个细小缺陷，也将引起整个蓄电池出现问题，而这种微小缺陷在入料时几乎不可能检验出来。由于锂离子蓄电池用的粉末电极，以及极片需要裁切，锂离子蓄电池生产过程的颗粒和边缘毛刺实际上是很难彻底解决的。除了材料级的安全性外，还需考虑单体电池的设计安全性、蓄电池组设计的安全性、生产过程的安全性以及应用过程的安全性。在串充串放的管理电路机制下，蓄电池组的性能将由组成蓄电池组中最差的单体电池的性能决定。单体电池的一致性不仅仅是指单体电池出厂时的一致性，更是指单体电池在使用全过程中的一致性，同时要求单体电池的核电态的保持能力也要尽可能的一致。

哈尔滨冠拓电源设备有限公司副总经理方英民先生认为，要保证蓄电池组在使用过程中的安全性，充分发挥蓄电池的性能，延长电动汽车的续驶里程，需要蓄电池均衡技术。这里需要特别指出内均衡技术。内均衡技术是在对串联蓄电池单体电池充电的过程中，通过调节充电电流和控制充电电压，使得蓄电池组中各单体电池荷电量基本一致的一种充电均衡技术。其优点是蓄电池组不需要外接均衡装置；均衡效果明显；对蓄电池无伤害，不影响寿命。假设两只单体电池的荷电量相同，但容量不同，通过内均衡技术，经过多次充放循环后，两只单体电池充电结束时的荷电量都能接近100%。唯一的问题是如果蓄电池的荷电量相差很大，需要较长的时间才能均衡。

清华大学新型能源与材料化学研究室主任何向明博士表示，动力蓄电池的安全性问题将影响其市场命运。对于机械的挤压、针刺，电的短路、火烧，热的热箱、火烧都称之为滥用安全性，这种安全性是可以预测的，可以通过测试进行评估，通过采取保护措施进行改善。而因为制造瑕疵引起的相关连接问题、隔膜损坏、粉尘，以及引起过热与热失控等称为现场安全性，该安全性是不可预测的，按随机小概率发生，无法通过测试进行评估，也不能通过质量管理来完全消除，目前所有的安全性措施均不能完全消除锂离子蓄电池的安全隐患。希望"十二五"结束时，这个问题能在一定程度上得到的解决。

2. 质量控制有效提高制造质量

蓄电池质量的好坏需要在蓄电池自身生产工艺过程中解决。深圳市吉阳自动化科技有限公司提出了制造质量闭环的概念，即将产品在设计阶段和工艺工程化阶段、生产阶段、销售阶段和售后服务阶段出现的故障，通过自定义的企业内部工作流程形成闭环。该闭环平台能有效地收集产品各个阶段的质量信息，从而实现产品质量控制。锂离子蓄电池制造质量闭环的意义在于获得稳定的制造质量，保持质量的一致性，控制不安全因素，发现制造过程中的问题，防止制造过程中的疏漏。质量闭环又分成：工序内部环、局部闭环和整体闭环。

工序内部环实质是现场实时控制，主要包括控制自动加料配比、涂布厚度、叠片边沿 CCD 自动对齐度、组装尺寸、焊接质量和智能闭环化成等。该环节可以有效控制 SEI 膜的生产，达到均匀、致密、高效化成。局部控制环实质是事后检查，对 CCD 缺陷、自动称重、装配精度及注液称重进行检查。整体闭环是一种成品的分选，包括容量测试、内阻测试、自放电测试、倍率特性测试、高低温蓄电池性能测试和 MRI 锂离子迁移监控测试等。

第三节　发展电动车成也电池，败也电池

2010 第 25 届电动车大会暨展览会于 2010 年 11 月 5 日在中国深圳会展中心正式开幕。此次大会的主题为"可持续动力革命"。会议围绕"节能、环保、可持续发展"这一世界性主题展开讨论。中国精进能源有限公司 CEO 陈光森先生在全球节能与新能源汽车技术创新、品牌与市场营销高峰论坛上发表了演讲。以下是演讲内容。

"借此机会我给大家简单介绍一下新能源汽车和电动车。欧洲、美国和中国，都把新能源和电动车发展作为一个国家战略。这是将来国家竞争性的发展战略，不仅涉及节能减排，更重要的是可以达到能源经济。新能源可以促进世界经济的大发展，随着中国 2009 年车辆快速增长，对能源的需求大量增加，发展新能源车不仅是节能减排，更重要的是对于车的可持续发展来说是一个机会。

电动车可以分很多种类，有纯电动车，还有现在的混合动

力、电池和燃油发动机共同驱动的，我个人认为目前应该是一个多元化的发展时机。因为我们要发展电动车，虽然目前每个国家都出台了很多的刺激性补助计划，但是最终要发展新能源车，这由市场来决定。所以，我们要共同努力开发出一个具有市场价值的新能源电动车。所以，根据不同的用途、根据不同的环境，需要不同的新能源车。打个比方，因为出租车是每天都要开的，电池就需要更长久一些。但是家庭用车，每天上下班四五十公里，在这个时候我们在电池的驱动下四五十公里就可以达到完全节能减排的效果，这样在传统车上增加的成本也就是几万元，再加上节油，省的钱经过两三年以后就可以收回因为电动车增加的成本。发展电动车，包括电控、电机和电池三大关键技术，其中，最为关键的还是电池。不夸张地讲，电动车成也是电池，败也是电池。所以，发展电动车需要一个非常大的电池，一般普通数码相机只有一个小小的电池，还经常听到这样那样的问题。一个电动小轿车跑150公里需要20千瓦的电池。要保证每一个电池都能够长期稳定地运行，这是一个世界难题，需要在座的工程师们做出最大的努力。

电池分很多种，最早的有铅酸电池、锂电池等等。但是目前发展最具优势的、最早的是铅酸电池。目前大家集中精力在锂电池这一块，因为锂电池最大的好处是能量密度比较轻，是最有前景的电池。锂电池也分不同种类，不同种类都有它不同的优点和缺点，现在有方形电池、圆柱电池、软包装聚合物电池。方形和圆柱电池的外观比较强壮，容易装配；软包装电池比较娇气，但是相对来说它的安全性比较高。为什么有时会听到爆炸？一定是压力积聚到一定的程度才会产生爆炸。方形、圆形电池一般都有 10 千克以上的压力。最大的安全隐患是电动车在路上运行时，很大的能量瞬间要释放出来，局部温度加剧上升导致内部的容积、蒸汽增加使压力施加到电池外壳，金属壳耐压如果是 10 千克以下，它的风险相对较高。软包装电池有一个好处，它的四周因为是使用镭封的，比如我们食品包装的镭封，是两千克到三千克的水平，没有剧烈爆炸的风险。软包电池燃烧时间比一般电池燃烧时间要长。如果电动汽车用软包电池，其安全性方面比普通的燃油汽车还要更高。因为如果要燃烧，一般的燃油车只要几秒钟就能燃烧起来，发生危险时，一般人没有办法脱逃。软包装电池燃烧则需要几分钟。

对此，每个专家都有不同的意见，每个系统都有不同的特征。磷酸铁锂的寿命比较长，但是它的缺点是比较重。因为它的电压比较低，能量密度相对比较低。打个比方，一个大巴如果用到 500 安时、600 伏左右，需要两吨多的磷酸铁锂电池，但是用混合材料只要一吨左右，这就是磷酸铁锂的缺点。因为磷酸铁锂的能量密度比较低，在目前的状况下，磷酸铁锂的成本相对锰酸高 30% 到 40%。可以看到，现在的电池，日系的主要以锰系列为主，因为它的工艺相对比较成熟。磷酸铁锂主要以中国和美国为主。所以在材料精进方面，我们认为目前根据不同的用途，需要不同的化学体系。当需要非常长寿命的电池时，用磷酸铁锂就比较好。所以我们要主张多元化，不只是说磷酸铁锂只是磷酸铁锂。

我个人对发展新能源车有一个简单的建议，目前作为新能源车一个最大的问题，除了刚才讲的安全，电池还要突破成本难题。在目前只有几种材料的情况下，只能从提高生产工艺、降低劳动成本上考虑，这在现有的基础上和现有的材料体系下，是非常难的。只有在材料方面有大的突破，成本才能有大的下降。在中国，电池生产产商非常的多，我相信能够在电动车电池有大突破的不会太多。所以，我建议国家应该大力集中精力支持十家到二十家，把它做好，这样我们的新能源车才有希望。当然还有其他很多工作需要专门针对电动车去设计。

接下来简单介绍一下精进能源公司，精进能源公司是在2000年成立，在世界上做电池最早的公司之一。目前我们的总部在香港，生产基地在广东佛山。我们的股东是深圳立业集团，主要投资在金融领域，最近转向新能源方面。我们公司的目标是，经过我们在锂离子动力电子方面的发展，到明年年底我们国内销售额上升到第五名，明年的产值会接近七到十个亿。特别是我们的动力电池在电动车、摩托车上面的大力应用，在这方面的产值会大量增加。我们非常有信心在三年内上升到国内前三名。如果随着电动汽车电池的大力发展，我们有相信在五年内能上升到前两三名左右。

我们最早专注在 MP3，所以目前我们在高端数码电子占据了 20% 到 30% 的市场。前面我们的高功率电池是最早商业化的。目前大家在飞机场，还有在座各位喜欢玩航模的，要感谢精进能源高功率电池的量产，因为它需要的电池完全不一样，原来只能飞一分钟，现在用高功率的可以飞五分钟到十分钟，甚至半个小时，可以尽情地玩。

目前动力电池我相信用得比较多的还是电动自行车、摩托车方面。我们精进能源电动汽车去年的组合量是36伏的12万套。去年中国锂电池出口到欧洲是40万套，所以我们去年的占有率大概是30%左右。今年的出口量会达到15万套到20万套的规模。今年中国的锂电池出口总量大概是60万套左右，我们还是会保持25%的占有率。所以目前从动力电池的出口量来说，也许精进能源是世界上出口量最大的。

我们在动力车电池开发上有丰富的经验，电动车电池的开发重点在于一致性。现在我们在深圳、广西都有分厂，应该在这两个月内都会大力扩张动力电池的生产基地，第一个生产基地在重庆，在重庆的规划是动力电池，为一百万辆电动自行车、50万辆摩托车、10万辆小轿车，五千辆电动大巴提供电池的生产基地。我们在武汉甚至上海也将会部署。我们的目标是只要哪里有市场，集团就会支持我们到哪里大力扩张、发展。

我们在世界建立了销售网络，在韩国、新加坡、中国台湾地区、欧洲、以色列都有我们的合作伙伴，并且我们有一个国际化的销售团队。做动力电池电动汽车真正量产还需要三到五年以上，我们集团在资金方面对我们进行了大力支持。

技术方面我们不是每一样都好，但是我们在电池的关键技术非常领先。在动力汽车电池的一致性上，我相信在世界上我们也处于前几名。动力电池也是目前来说出口量最大的，是我们的优势。我们也与很多厂家有密切的合作。磷酸铁锂的寿命单电可以做到 3000 次，组装起来，把它通过好的管理系统可以稳定的做到 1500 次以上。我们也觉得要发展电动汽车，电池的设计也非常重要，尤其是模块化设计。比如一个 20 千瓦的电池放在大巴，如果因为一个小的电池就要把整组换掉，五六万甚至十万台，这个市场是很难预测的。所以模块化运作非常重要，模块化，如果能够方便的更换，我们的电池能够达到 1% 的维修率，将来电动车的维修可能主要是维修电池，希望它的维修率达到和普通车差不多水平。我们现在采用的高适应性自动化设备，原来都是 2 安时，现在我们至少都是 10 安时到 100 安时，不能用简单的标准化设计动力电池，所以我们要模块化设计。随着技术、设备的增长，不至于把整个几十个亿的投资报废，也许我们哪个模块好就更换哪个。这样我们就要采用高适应性自动化设计。

我们有一个稳定的技术团队。做好电池，90% 靠经验，10% 靠设备。我们做电池的经验接近 20 年，我们的开发团队十年以上的经验，非常稳定的团队为我们公司的发展奠定了基础。"

第四节　Hisashi：利用地区资源建立电动车城镇

以下是 Hisashi Ishitani 的演讲内容："非常感谢主席先生的介绍，我非常高兴有机会来到大会做演讲。我也是在日本东京大学任教，今天我想要跟大家讲一讲日本长期的发展战略。我们是很有幸，同时又是很不幸的，我们在三十年前就已经开始研究这个问题了，但是我们也会有很多的问题出现。我们希望通过今天的机会跟大家交流一下我们做的一些项目，也许我展示的内容，不是最新的。因为在过去的两天当中，我听到了中国市场当中发生了很多事情。在某种程度上来说，跟日本的情况也是非常相似的。

我们也觉得很重要的是我们应该有同样的感觉，电动车它的发展现在还没有达到全商业化的程度，但是它绝对是未来发展的一个趋势，我们可以通过增加自己的能力来互相竞争。

总结全球背景，以及现有发展趋势，各国都已经推出了一些激励的政策来实现节能减排，同时推动电动车的发展。我们在这当中可以看到有很多人已经在实现电动车的发展，同时，由于电池以及组件的发展也很好地推动了市场对于电动车的需求。我们认为控制新能源汽车还可以开发其他的能源，也就是我们觉得非常重要的，我们未来会开发出更多这些资源。

在日本，日本致力于不断调整能源的结构，同时也在促进节能减排。通过冷却地球50周年的计划，我们将会在2050年的时候把二氧化碳排放量降到原来的50%，同时要更新和创新我们的技术。而且我们推出了一个长期的能源需求预测，同时在福井县中期政策就是把二氧化碳排放减少14%。

介绍几个在日本政府所设立的能源和环境保护政策的目标，其实日本政府2006年的时候设立2030年的目标，增加能效30%，同时把核能的这些占有率增加到30%～40%。同时，我们也是要在2030年把这些燃油的清洁性提高到25%。

为此，我们进行了必须的计划安排，对每一个环节和领域当中所实施的措施进行了规划，为了要减少二氧化碳的排放，也就是减少到50%~70%，其实没有其他的办法，我们只有去减少这些石油的使用量。也就是从油井到油罐的做法，将会慢慢发展成为油罐到轮胎。我们要大力发展这些电动车，同时考虑到日本一些燃油的有限性，我们最终的目标是要通过强有力的研发，大力推动纯电动汽车，实现零排放、零能耗。

在现有的技术当中，我们还得要看一下有几个方面是需要审视的。我们可以看到有纯动力车，但是也有一些过渡的混合动力车，这一个图表就是给大家展示了我们未来的目标，包括它的成本以及性能的比较。

我们知道电动车是可以减少75%的二氧化碳排放，但是它的成本和它的性能之间应该要做一个很好的平衡。同时，根据不同的地区，我们将调整这样的目的。但是我们都知道如果要市场完全接受这样的电动车，我们必须要很好地协调成本，同时因为这里需要很多这些技术的更新和创新，不断地提高汽车的性能，将性价比发挥到最好。

这是一个电动车电池的回收，这些数据现在看起来很难达到，但是我们相信在一个可预见的范围之内，如果我们可以实现这些量产之后，我们将会进一步地提高它的经济性，降低它的成本，很好地平衡收益。

我们看一下下一代汽车电池会是怎么样发展呢？其实政府已经在2006年的时候推出了这些新能源的政策，以及推动这些电动汽车的发展。同时政府也邀请了很多的电力公司，电池公司，原材料产业，产学研一起参加到开发大军当中。我们相信政府将会长期地支持研发活动，同时进一步发展基础建设。这些都是在 2006 年的 8 月推出的，我们的两个计划就是着重做研发和基础建设的发展，以此来推动电动车的发展。

研发电池的目标可以用这个图表展现出来，也就是我们现在在 2006 年设有现有电池的，2010 年提高电池的性能，到 2015 年我们将会进一步改进电池，在 2030 年的时候将会有一个全新的创新电池，这就是电池技术的一个发展路线图。当然了，我们现在也要控制电池现有成本，大概在 300 美金左右，然后我们希望在未来我们可以完全替代现有的 ICV，这样可以完全实现绿色经济的发展。这样一个图表代表着我们电动汽车发展的三个阶段。

做基础设施的建设，我们的目标是要确定这些电动车研发的一些问题，同时开发出一些可行的政策和措施，来解决这些问题。我们最终的推广方案就是要推行 EV 或者是插电式混合动力的城镇建设，这是我们的战略，在不同的小镇建设这些充电站。因为这些充电站的距离密度不大的话，会很大程度地影响这些电动车的使用。所以我们将会大量地进行快速充电站的建设。同时我们必须要按照国际的标准来建造这些充电站，同时要适用于本地经济和政治的发展，我们将会根据不同地区的情况来推动电动车的发展。每一个县或者市，以及我们日本的政府，都将会是按照市场需求来分配不同的资源来建立这些基础设施，同时也包括这些基础的维护设施。

这里就是我们所谓的建立电动车和插电式混合电动车城镇的计划，就是所有的战略会充分地利用每个地区的资源。在

2009 年底的时候我们电动车和插电式电动车城镇的项目带来非常大的成效，你可以看到像神奈川县，京都府等等都已经实现了这样的建设。同时，他们在这个地方实施了一些示范性项目，也是非常成功的。这里的图片就可以看到从去年我们这些项目取得的一些成果，这个幻灯片当中，你可以看到很有趣的一些事情，其中三个地区是人口密集，同时是新能源密集的地区。像核能比较密集的地方，我们觉得电动车可能发展得更好，因为可以很好地应用这些核能电场的发电量，由于他们用电量并不是很大，所以传统的发电厂负担会大大被减轻。

还有一些城镇在发展卡车，以及公共汽车电气化，我们从这些示范性项目当中，搜集到了非常宝贵的经验。我们也相信我们所设定的为不同的市场分配不同的资源，制定单独的战略是非常成功的。根据我们城镇建设的经验，我们同时还制订了一个基础设施发展的战略指导方针。

这些将会在其他城镇慢慢地推广开来，同时我们做这些推广都是有自己的预算的。我们政府的预算，作为电池的研发大概用 2 480 万美元投入项目中，这是一个五年的项目。同时做这些创新发展，将会投入 3000 万美元，这是一个七年的项目。安装基础设施的预算，以及购买电动车激励政策总投入是 1.24 亿美元。我们相信大部分的电动车应该通过正常的充电站进行充电，所以我们设立的正常充电站大概有 200 万个。还有一些快速充电站大概是 5000 个，将分布在市中心以及人口密集的地方。当然这个目标是在 2020 年的时候完成。我们怎么样来开始呢？我们会在不同的阶段来进行。

这一个图表就是我们推广的预测以及目标，分别列举了2020～2030年的目标，我们预测在2020年，也就是说下一代汽车的份额将会少于20%，但是到2030年的时候，这个比例将会增加到30%～40%，政府的目标更加有雄心壮志，2020年下一代的这些汽车将会占到20%～50%，但是2023年将会增加50%～70%，也就是说日本政府相信下一代的汽车应该是占所有汽车数量的70%，这样才能建立起来一个环保和绿色的环境，才能符合当初所制定的能源安全政策。

同时我们这样一个研究小组也向政府，也就是今年四月份的时候，提交了六个战略。第一个是整体汽车的战略，然后电池的战略，资源战略，基础设施战略，以及系统战略和国际标准化战略。"

第五节　掘金"黄金产业"

尽管从长远来看，镍氢电池可能会被锂离子电池所替代，但从日本PEVE公司投资1.92亿美元新建镍氢电池厂来看，镍氢电池在接下来一段时期内还将处于领先地位。随着电池组技术的不断成熟，锂离子电池的影响力将会逐渐显现。

在动力电池领域，浙江企业相对落后。以"中国绿色动能源中心"长兴为例，涉足锂离子电池项目的并不多。张盘方介绍，长兴有90家电池企业，但仅3～4家有锂离子电池项目，大多数企业都在生产铅酸电池。

然而，值得关注的是，从"八五"到"十一五"期间，再到 2009 年 11 月 1 日《新能源汽车生产企业及产品准入管理规则》颁布，国家相关新能源汽车政策的密集出台，可以看出国家在加快新能源汽车发展方面的决心。而从市场角度来看，发展新能源汽车已是大势所趋。在这个大背景下，动力电池必有着极为广阔的发展空间，必将成为"新能源汽车时代"的"黄金产业"。